家的书

写给年轻人的
租房、买房、装修全攻略

考薇
[著]

花山文艺出版社

图书在版编目（CIP）数据

家的书：写给年轻人的租房、买房、装修全攻略 / 考薇著. —石家庄：花山文艺出版社，2017.11（2023.12重印）
ISBN 978-7-5511-3735-5
Ⅰ. ①家… Ⅱ. ①考… Ⅲ. ①住宅-租赁-基本知识-中国②住宅－选购－基本知识－中国③住宅－室内装修－基本知识 Ⅳ. ①F299.233 ②TU767
中国版本图书馆CIP数据核字(2017)第230180号

书　　名： 家的书：写给年轻人的租房、买房、装修全攻略
著　　者： 考　薇

责任编辑： 梁东方　韩　松
责任校对： 杨丽英
封面设计： ABOOK 壹书工作室 木木 Design 891380906
美术编辑： 胡彤亮
出版发行： 花山文艺出版社（邮政编码：050061）
（河北省石家庄市友谊北大街330号）
销售热线： 0311-88643221/29/31/32/26
传　　真： 0311-88643225
印　　刷： 三河市金泰源印务有限公司
经　　销： 新华书店
开　　本： 710×1000　1/16
印　　张： 14
字　　数： 220千字
版　　次： 2018年1月第1版
2023年12月第2次印刷
书　　号： ISBN 978-7-5511-3735-5
定　　价： 36.80元

前　言

这是一本不华丽的书，所以前言很短小，内容很丰富。

房子，始终是我们生活中的大事。

对于我们来说，它不仅是遮风挡雨的避难所，还是个人安身立命的象征，甚至是家族文化、社会地位、未来幸福的一种图腾。中华民族安土重迁、踏实本分的个性，造就了我们对房子的“崇拜”，不管是租房、买房还是装修，对于我们而言都是不敢有半点马虎。

我们这些刚走上社会的年轻人，真的能够顺利、有效地解决房子问题吗？

不知从何时起，身边的宝爸、宝妈已经是85后了，领结婚证的恩爱小夫妻已经是90后了，牵着小手早恋的已经是00后！时间催人老，我们还未完全长大，已经快要变老了。在迅速奔三奔四的过程中，我们要最快、最精准地学会如何找到合适的房子，无论是租、是买，还是投资，都要像当年备战高考那样用心，且全力以赴。

于是，就有了这本书。

我曾经是这方面的小白一枚，从小到大住在爸妈提供的大房子里，好像这个大屋顶是自然存在的，从未想过自己以后会为房子奔波劳累。直到有一天，从大连到北京再转战到南京，经历了租房、买房、装修等一系列大小“战役”后，我才明白：我们年轻人，不了解房子，无论是在物质上、经济上还是未来的生活方向上，都会吃大亏。

避免吃大亏的方法就是努力学习他人经验，不断结合自身实际，走出一条有自己特色的路来。

凡事预则立。所以，如果你也和许许多多年轻人一起，奔走在为房斗争的大路上，不妨抽出点玩手机的时间打开这本书。这本书里有我和许多朋友关于房子的血泪史及成功经，或许你会在其中找到与自己相似的境遇，并顺利避开我们走过的弯路。当你合上这本书之后，你将学会租房、买房、装修等一系列技能，并且对“居住”的认识将上升到新的高度。正如海德格尔所说，我们将在大地上“诗意地栖居”。

为了诗意地栖居，让我们一起开始研究房子那些事儿吧！

目　录

上编
租房记

第一章
租房，你做好准备了吗

准备好：一大波虚假房源正在靠近

一

先用一个案例来说话。

有一天，刚毕业的小A抱怨房子很难租，身边的同事随手打开一些租房网站，然后指着其中的房源说："谁说难租？你要好好看看！这几个就很好嘛，装修好，干净，户型合适，价钱更合适！"

小A扑到电脑前一看，"哇！真的好棒，这么好的房子简直就像上天特意安排等我来租的呢！"

你猜小A会打电话给网页上的中介吗？

当然会打喽。

拨过去之后，小A听到中介这样说："你好你好，你说那套房？哦哦，太不巧了！刚被人租出去了！"

这时候，小A当然会失落地想：啊啊啊！居然和这样的好机会擦肩而过，太背运了。

但中介立即拯救了失落的小A："但是您别灰心，我手头还有这个小区的几套房子，都挺不错，你要不要来看看？"

小A当然会说："要看！"

从这一步开始，小A就陷入了一个怪圈。接下来中介会带着他辗转各处，去看"和那房子差不多的好房子"，但没有一套能够令小A感到满意。最后小A放弃了这家中介，又到网上去找另外一套房源。这套房源依旧是图片好、价格合适，他再次打电话给网页上的中介，这次的中介还是告诉他："那套房子啊……我查查。啊，真是太不巧了，刚刚有人签约了，但是没关系，这个小区还有几套也非常合适，你什么时候有空来看看吧！"

小A鼓起勇气再次跟着新中介看房，一套一套又一套，还是没有一套能够达到网页上当初他相中的那套的标准。最后中介会告诉小A："那样的好房子真的不多，可遇不可求，差不多就得了。"而小A已经连受打击，心与腿俱疲，随之降低租房标准，找一套与预期差很多的房子租下来。

看到这里，你会不会觉得小A有点倒霉？为什么每次相中的房子都恰好被别人租下来？

其实并非是小A运气不好，他只是被"套路"了。如果多一些租房经验，就能够成功地从这种套路里钻出来。

这个经验就是——虚假房源正在大量靠近。

二

现在回过头来分析小A的租房过程。从根源上来讲，网页上那个质优价廉的"千年等一回"房源可能根本不存在，或者存在却压根儿不是那个价位，甚至干脆不在那个地段。中介把图传上去，就是抛出一个巨大的诱惑，引诱你拨打上面的电话，与他联系。从销售的角度来说，只要你拨通了电话，就成为中介笔记本上一个潜在的客户，可以立即锁定你的租房需求。

锁定住房需求的好处有两个：

第一，可以带你去看房。对于大多数中介来说，看房率也是绩效考核的标准之一，带客户看房越多，就越有可能拿到月底的高奖金。所以得到一个客户后，中介不仅热衷于成功签约，还热衷于带你去看各种各样的房子，提高他的看房率。

对此我就吃过亏，有个中介每次看房前都把即将要看的房子吹得天花乱坠，让我误以为白宫要租一个单间给我了。而当我提出要房屋图片先睹为快的时候，他就说房东是个特别谨慎的人，不允许中介随便拍照。我信以为真，为房东的谨慎点赞，并乐呵呵地穿过南京拥堵的车流看了几次，才悄然发觉上当。该中介推荐的房源和我想要的房源完全不是一回事。他带我去看的每套房都不符合我曾向他提出的要求，我根本不可能租，为什么还要这么勤快地带我去看呢？当时我不知道中介除了签约之外，还有其他拿提成的可能性。直到后来我认识了一个做中介的朋友，才知道这是为了提高“看房率”，有些中介公司很看重这个，租不出房子没关系，没有客户看房却影响你的业绩。我在无形中牺牲了大量的时间，为别人的业绩做了嫁衣。后来我果断拉黑了该中介，但此类中介却还是频繁遇到，可见不是个例。

第二，打击你的心理预期。所有租房人都抱着“省钱租好房”的心态，甚至抱着“不是好房我就绝对不租”的强硬心理。这种心理对于中介来说是个大敌，因为好房子不多，等签约的差房子倒是有一堆。为了打退这种心理，中介也很有办法，只要他长期带你看一些质量差又不便宜的房子，你将开始怀疑自己最初的想法。如果这时候中介再补一句“真的，我不骗你吧，你要的那个价钱根本没有那样的好房子，咱们看了这么多套了，你对市场也应该有了解了”，这时你最后一道防线就有可能崩溃了，往往会因此租下一套性价比根本不高却因懒得继续跑房而签约下来的房子。

又可以吸引客户，又可以提高看房率，又可以打击客户心理预期，所以中介放虚假房源是有利可图的，这也就是虚假房源为什么越来越多的原因。

三

放眼现在大多数的租房网站，几乎都是“租房易”的既视感，挂在网上价钱便宜的好房源特别多，让你在租房时充满信心。但是这时候一定要擦亮眼，那样的房子不存在啊不存在，自己的时间浪费不得。

那么，如何避免虚假房源对自己的干扰？

首先，要端正心态，相信天上不会掉馅饼。谁都想吃大馅饼，但租房界水深，馅饼一定轮不到你。我的同学思思一开始就想不通，租房前在网上看到一套精装又低价的房子，连呼“给力”，当时已是午夜，她却心急如焚，恨不得马上打电话给中介，火速定房。我当时被她的激情感染得无法入睡，打着哈欠劝她不用打，我说："这个房子肯定没有，房东不是傻子，房子既然这么好，没必要低价租给你，你又不是大美女。中介也不是傻子，中介费是房租的一半，把房价压太低了他拿什么提成去？"但思思不信，非要打电话，并果断将她的小冰手伸进我热乎的被窝以示对我乌鸦嘴的惩罚。结果怎么样？思思后来遭遇的套路和本文开头小A所走的完全相同。

所以，避免虚假房源的首要条件，就是不相信"天上掉馅饼"，相信市场规律，才能避免上一些简单的当。

其次，多推理、多搜索。所谓"道高一尺，魔高一丈"（这话好像不太正能量），其实现在的中介也知道，太超乎性价比的房源是难以取信的，你放个五星级包间的图，配一个三线城市郊区合租屋的房价，谁会打电话给你？所以，中介开始放一些很真的房源照片在网上，有小小的缺陷，有生活凌乱的气息，让你觉得房子就活生生在眼前，正伸出小手向你召唤。这时候怎么分辨真假房源呢？也很简单，只要你肯多搜索。其实每家中介手里的好房照片并不多，往往是同一套照片你用、我用、大家用。如果多在租房网站搜索一下，就可能会发现A小区精装房与B小区精装房居然用的是同一套图，某78平方米的房与某97平方米的房用的也是一套图，那就可以分分钟确定是虚假房源了。

最后，无图无真相，不要轻易去看房。是不是发布虚假房源的中介电话就不能拨打了呢？也并非如此，这样决绝的话，你可能一个中介也找不到。虽然我们讨论了很多关于虚假房源的问题，实际上虚假房源并非万恶之源。当你拨打中介的电话，被告知"恰好租掉了，我还有类似的房源"时，不要挂断电话，你可以告诉他："既然有别的房子，那我要先看实拍图。"

没错，实拍图是个好法宝。随着微信的发达，传照片不再是难事。先看到实拍图，在内心深处衡量是否有租此房的可能性，再决定是否去看房，这样就大大缩减了看房成本。以我自己为例，在租房前我始终很焦虑，所以在网上找了一堆虚假房源，加了十几个中介的微信，然后一一要他们推荐房源给我。如果中介告诉我"没有实拍图，图不能反映什么，建议你实地看"，我就不会再与他联系，因为多数情况下，他手里并没有你能够看得上的房源，一发图就会暴露真相，所以才不肯给你发图；如果中介告诉我"实拍过几天会有，不如你先来看看"，那我会说“不着急，等有了图我再决定是否去看”，通常情况下，不超过24小时，中介就会把实拍图传过来，让我一睹为快。如果中介直接把实拍图传过来，详细介绍楼层和基本情况，我会相信这是一个可靠的中介，而且在这个环节，中介基本不会再传假图给你了。这个方法我推荐给很多同事，大家都说比较有效。不仅节约了看房的心力、物力，也让中介少一份欺骗你的心。

在我已经住进所租的精装房半年之后，有一天在租房网站上，我再一次看到了它的照片，标价很低，小区也并非它真正所在的小区。不知道有多少人会抱着以低价租到精装的心理打电话过去询问，却不知道，那房子早就不在被租行列了，它正被本姑娘享用呢！

房源问题就是这么荒唐，看透后其实并不复杂。

如果你是第一次租房，并已经打开各大租房网站准备寻找目标时，一定要告诉自己：小心，一大波虚假房源正在靠近。

虽然“一大波”，但这些虚假房源并非像僵尸一样可怕，好好利用，谨慎对待，好房子离你不远了。

小贴士

1.租房网站上性价比过高的房源，一般不是真的，可以打电话试探，千万不要期望过高。

2.判断虚假房源的方法很多。首先是衡量性价比，理应3000元的房子标价1000元，那就不用多看了；其次是多搜网站图，如果图片重复率过高，一般也是虚假房源。

3.中介约看房时，一定要实拍图，不要相信所谓“实拍不如实地看房好”的托词，毕竟很多房子只要看一眼图就知道不会租，那样的房子又何必实地看呢？看过实拍图后，要详细询问租金、楼层、付款方式等基本问题。如果不能接受，也不要浪费自己的时间去看房了。

4.好中介值得保留。租房流动性很大，租期满后可能会因为工作地点更换、房租涨价等各种原因换房，所以如果发现特别靠谱的好中介，联系方式最好保留下来，可以推荐朋友，也可备不时之需。

准备好：无良中介可能出没

不知何时起，一提到“租房中介”这个词，大家对其印象不太好，可能因为在租房的路上，大家被坑害的次数太多，以至于把一些害群之马当作了这一群体的主要代表。在此我要声明：中介里大多数都是可靠的，认真踏实的。不过，当你找到一个陌生的中介，并将把未来租房这样的大事交付其手上时，还是要慎重。

总结本人以及身边同学、同事们租房所遇的形形色色案例，我把无良中介归纳为以下几类。

一、缺乏诚意类

中介们常说的一句话是：“你放心吧，我怎么会坑你？我也希望你早点租到心仪的房子，我就有了成交量，你说对不？”

这话听起来入情入理，完全没有问题，但千万别百分百相信，有些中介并非真的想让你租到房子。正如我在上篇所讲的，有些中介知道手里根本没有你想要的房子，还是虚抛出房源，引你浪费大量时间和金钱不断地去看房，他看重的不是你的利益以及成交后的中介费，而是所谓的看房率。如果你遇到的中介不先贡献出实拍图，却总是带着你东看一个房子、西瞅一个房子，趁早拉黑吧，他对你没诚意，你对他也无须仁义。

此外，毫无诚意还会表现在价格上。以我身边同事为例，有次去看个房子，叫价2900元。同事觉得有些贵了，想和房东谈谈，但是中介一把拉过她，用神秘兮兮的语气说："你别和房东说话，这房东矫情得很，你想要什么价格，我帮你谈！"

同事信以为真，叫出了2500元的心理价格。然后中介又跑到房东那里，估计再次用神秘兮兮的语气假装推心置腹地交谈，之后回来告诉同事："2500元，成了！"

同事当然很开心，整个过程她不需费力交涉就得到了心仪的价格，这样的好中介哪里去找？然而，后来交了租金和中介费后，她才知道：其实房东要价只有2400元！

也就是说，中介先把房价叫高，然后故意说自己可以压下价格；然后去找房东，告诉房东自己有本事让租客多掏钱。这样一来，中介收取的费用高了出来，出租率也大大提高了，何乐而不为？房东和中介都有实惠，吃亏的却是租客。

这一招虽然阴损，实际并不算高明，其中最关键的环节就是：不允许房客和房东私下交谈。如果我同事事先觉察到不对劲，主动和房东通下气，就会发现这个秘密。

所以再遇到这种情况，看房时如果有房东在场，可以装作无意地说："大姐，这房子您想要多少钱？怎么付款？"在租客和房东都在场的情况下，中介总不能强行让大家闭嘴。这样一来，房子的真实报价就出来了。

二、纯黑中介类

如果说刚才提到的那类中介坏得很"温和"，那么接下来这种就很劲爆了。此事是我男友亲历，在我未到南京时，男友很靠谱地抽出一个周末，提前帮我看房子。他从小生在养尊处优的环境，也从未租过房，不知从哪里弄来了一个非常合适的房源，样样条件都符合我的要求，怀着激动的心，他七拐八拐地到了新街口一个大写字楼里。

中介的店面不临街，这本身就很可疑了。因为对于房屋中介来说，店面不在大，而在于便利，这样才能够最大限度地吸引往来的顾客。男友进了这家店后，对方拿出房源照片，个个都不错，很有进一步的必要。当男友提出要实地看房的时候，圈套来了。

人家说："交100元看房费，我就带你去看房。"

看房先交钱，这不合理吧？人家说得很有理："房子这么好，房东不想随便带人进去，所以要先交看房费，杜绝没有诚意的人。"

话说到这份上，男友明白是骗局了，二话不说转身就走。这时候店里出来几个大汉，一脸凶相，大有"今天不交看房费就别想走"的意思。好在男友也是一米八二的大个头，一瞪眼也蛮吓人，又掏出手机说要报警，几个大汉哼唧了几句就放他出去了。

后来男友把这事告诉我，我着实受惊不小，心想如果那天进去的是我，怎么脱身？这样的中介不能说叫"无良"了，简直就是违法犯罪啊！后来我们真的报警了。

"先交看房费"这样的骗局实在拙劣，看似无人上当吧？谁知我太天真，随便上网一搜，因交看房费而上当的案例比比皆是。大家对好房源都非常珍惜，有时候抱着"100元买到好房源很值"的心态，轻易地交了钱，好房源当然没有，钱也要不回来了。

原来，并非骗术很高明，而是我们防线设置得太松懈。

由于亲历过，又确实有许多人受骗，我决定将这类中介特意写出来提醒大家。说到底就是一句话：无论是中介还是房东，让你先交看房费的都是骗子。

此外，还要多说一句，如果中介的店面过于偏僻，幽深难找，那么女生不要独自去看房，丢钱事小，受了伤害才事儿大呢。我什么意思你懂的。

三、定期骚扰类

有些中介不坏，但是很烦。你遇到过吗？

我就遇到过。在我患"租房焦虑症"的阶段里，加了大量的中介微信。其中有位周同志，是我遇到的中介界奇葩。他手里确实有房源，但是工作过于"积极"，24小时骚扰，电话不停地打，敬业到无以复加，也令我烦到心肺俱裂。后来我只能拉黑他的号码，但是人家中介最不缺的就是小号，不一会儿就换个新电话号码打来了，每次问的都是同一句话："请问您今天中午有空看房吗？"

如果我回答说："有。"那么接下来就是："好的，我已经帮您安排好了，和房东联系过了，来看房吧！”

我的神啊，他甚至没有告诉我房子在何处，什么样子，多少钱，就直接给我安排看房了！这种周到的服务令我毛骨悚然，尽管他一再保证“看看绝不会失望”，但我始终很反感，再三强调“不看实拍就绝不实地看房”的原则。周同志倒也会变通，实拍图一会儿唰唰地发过来了，一再催问怎么样，我不顾领导听到我手机狂响时抛来的白眼，回复“还不错”，然后那边就“嗖”的一声又安排看房了。

这样冲突几次后，周同志终于不再强制性地安排我看房，但是新的问题又来了。同一套房子，房东往往挂靠了好几家中介，如果我在A中介已经约了看房，那么B中介的周同志可能从房东那里听说了我即将看房的事，就打电话过来说：“跟着我去看吧，怎么样？我可以现在就把房东给你约出来，比A中介好多了。”

说句心里话，虽然我不是搞销售的，但我打心眼里讨厌这种“挖墙脚”的方式。要知道，A中介辛辛苦苦地给我约了时间，展示了房源，谈好了价格，我再跟着周同志去看房，最后的成交业绩就要算周同志的了。我不愿意这样做，且明确表示“是谁先推荐我房源的，我就跟谁看，总要有个先来后到”。

之后高潮来了，整整一天里，周同志变着各种号码给我打电话，就是为了说服我转变心意，跟着他去看那套房子。我被天南地北的电话骚扰得无法正常工作，这时候才真正后悔当初加了他的微信，并留下了自己的手机号码。

销售界是残酷的，每一单都很宝贵。在此我不想过多地批评周同志——虽然现在我一想到他还是毛骨悚然。我只想向大家分享一个经验，在租房前，给手机号码也要慎重，不能什么人都给，当你发现他的苗头不对、有打鸡血倾向时，就不要再和他多说，也不要多透露你的信息，把被骚扰的可能性掐死在萌芽里。

此外，卖电话号码几乎成为租房界的一个惯例。不少人租房后会接到大量的骚扰信息，正是由于中介把你的手机号码卖掉的原因。如果想要更谨慎一些，可以准备一个新的手机号码，租完房子就换掉。不过随着手机号码实名制的铺开，这种方法的可操作性越来越小，那么退而求其次，用一个外地号码租房也很不错。我和同事一起租房，她是本地号，我是外地号，租房结束后，我几乎不会接到骚扰电话——本地的推销者显然觉得我可能是外地人，并非潜在的客户，而可怜的同事，电话快要被打爆了。

如果上述两个办法都无法做到，那就……自求多福吧！

四、二道贩子类

二道贩子类的中介数量不多，危害不大，在此简单提一下。二道贩子，说白了房源不是他的，房东也不是他直接联系的，他是中介的中介，收的就是那份差价。无论什么商品，都存在“二道贩子”的可能性，比如大白菜，在农民伯伯手里是二角钱一斤，贩来转去卖到我们手里就是近两元一斤。在租房界，二道贩子的危险远高于白菜界。毕竟菜贩把菜从村里运到城里，再摆上摊子交上租，人家的成本在那里，劳动在那里，值得尊重，而租房的二道贩子却没什么成本，坐收渔利。

发现此类贩子是个偶然，某次一个中介告诉我有很好的房子，想带我去看，实拍图传过来，价格也报了，都很不错，但中介说她来不了，要她一个同事过来陪我看房。那也行啊，咱们选房不是相亲，无论谁带着看房都无所谓。巧就巧在看完房之后我迷路了，无意中看到刚陪我看完房的中介进了旁边的某地产店面，把钥匙交了进去，摆摆手离开。

那段时间麦家的小说看多了，我整个人特别有警惕性，便开始怀疑他的身份，后来发现他真是传说中的房贩子。房源是中介公司的，他并非中介公司的员工，但他会推广这套房子，并在普通的价格上增长一部分，一旦租出去，差价就是他的。

如果你觉得房贩子的危险仅在于多交一些钱，那就太天真了，通常房贩子推荐出去的房子，不会带你去中介公司签约正规的合同，为未来可能出现的一系列问题都埋下隐患。

在此普及一下租房合同问题，当你通过正规中介公司租房之后，签约是三方的。也就是说，如果你租的房子有产权上的问题，中介公司相当于你的担保人，替你调停与房东之间的种种问题，而且事儿闹大的时候也会承担相应的法律责任，这就是收取中介费的精髓所在。对于房贩子来说，他们收了你的中介费，却不提供这种服务，一拍屁股走了，你多交了钱又没有保障，亏不亏？

所以，要仔细分辨房子来源，以免租到转了几手的房源。

说到这里可以进行小小的总结了。中介界水很深，好中介多，无良中介也多，类型百出，用几千字很难写完，依我的生活阅历也很难囊括。时代不断发展，骗术往往也在进步（不知道用“进步”这个词是否合适），但总的来说，租房时要怀着一颗真诚而警惕的心，一切都要小心。

小贴士

1.如果没有租房经验，尽量找中介来租房。中介费一般是房租的一半，诚然钱不少，但多了一份放心。在找中介的过程中，不仅要看中介本人的品质，更要看其背后公司的品质，如果是从来没听说过的中介公司，那还是别虚掷中介费了。上网百度下各中介公司口碑，是简单易行的分辨方法。

2.“看房先交看房费”的全是骗子。默念三遍然后背下来，不用怀疑这句话是否太绝对，许多兄弟姐妹都用血泪证实过了。

3.女孩找中介一定要谨慎，尽量找女中介，如果只有男中介，也避免和他单独看房，尤其是晚上。如果女中介临时电话告诉你她本人不能来，有个男同事来代替，在不着急的情况下，也尽量回绝，保护好自己才是最重要的。

4.关于手机号码是否会被中介公司出卖的问题，我的回答是：“别想这个了，没有什么意义。”能够杜绝被骚扰的方式就是换手机号码，如果做不到，就尽量用外地号码租房，可以大大减少被骚扰的可能性。

5.房价到底多少钱不能光听中介的，遇到房东的时候也要装作无意地问一声。有时候中介报给你的是假价钱，而你只要一句话就有可能省回好几百元。

准备好：生活成本比你想象得要高

“我的天呐！”

这是我租房后拿到第一个月电费单时，发出的强烈控诉。

然后我就扑到计算器前，计算租房一个月来我的基本花费，电费、水费、物业管理费、垃圾费、宽带费……幸好我没有车，所以没有车位费，当时住的酒店式公寓没有燃气，所以没有燃气费。但其余费用也足以让我哭死在计算器上。

这就是生活，无情、无耻、无理取闹的生活。

像我这样一路读书到硕士，其间生活都是父母照应的“低能孩子”，是很难想象维持一个家需要多少费用的。工作之后、租房之后我才知道，生活的成本远比你想象得要高。

如果你租房，每月租金需要1500元，那么你千万别只从工资里留出1500元作为你当月的租房成本，那样的话你会在月末的时候抓耳挠腮。

问过许多和我一样毕业后租房的同学，大家的感触都是如此。那么多出来的费用一般都出现在哪些地方呢？

一、水电燃气费

我们不是原始人，只要开始生活，首先肯定与水电打交道，燃气倒还其次。租房的时候没有考虑水电费而让房东狠狠吃一笔，这种情况比比皆是。我有个同事，与人合租在公寓里，房租并不贵，听起来实在很完美，就乐呵呵地签约了。

没想到当月房东要收取她每月1元/度的电费，而且初入住的时候是夏天，三伏天南京这样的“火炉”，空调耗电量可想而知，当时她就傻眼了。一翻百度才知道，正常的电费是峰电0.55/度，谷电0.35/度，房东相当于收了两倍的电费，这怎么可以？于是，姑娘使用了全身心的泼辣劲跟人家吵，结果以败北告终，原因是合同上已经写明白了：房东每月负责交电费，不按实际电价收钱，就按电量收钱，每度收一元钱。

同事拿着合同欲哭无泪，签约时她不是没看见那几个字，但她看到“1元”的字眼就觉得数额太小所以忽略掉了，因此才吃了大亏。说到底，低估了生活成本，只有荷包受罪。

再说一个正面的例子，还是我同事，现在是我的合租密友，她租房入住后才发现不需要交水费，至于为什么不交，这是个历史遗留问题，谁也说不清楚，反正这个小区的居民从来没有交过水费，也没人向他们收过。她起初是不在意的，后来看过我的水费单之后才明白，这无形就节省出了一件风衣的钱——尤其是她这种每天一澡的用水大户。

说白了，水电费是那种最容易被忽略掉的租房成本，因为单价非常低，让你觉得“小钱儿，爷不在乎”，但如果你真的不在乎，最后结账的时候一定会被狠狠吃一笔。

二、物业费

这个费用是很隐性的，很多房东在租房给你的时候，根本不会告诉你“我们小区要收物业费”这个事实，往往是入住几个月后，你会突然发现小区门口坐着几个大爷、大妈，开始拦住你收物业费。一问，哟嗬，少则几百，多则上千！

吓人吧？吓人啊！

房东之所以不会提前告诉你，就是因为“这笔钱到底由谁交”是件很不确定的事。有些是房东交，有些是租客交，没有定规。房东当然倾向于不交，所以干脆不告诉你，等你住进去，大爷挡住大门找你要的时候，你不交也得交。这是个策略，甚至可以说是等着你跳的一个小坑。

如果你恰好掉进了这个坑，也不要太难过，能收物业费的小区说明条件还是不错的，至少有门卫、有门禁、有管理者，所以交就交吧。但是这笔钱也真可观，理论上越新的小区，物业费越高，面积越大的房子物业费越高，因为它是按照单价乘以面积来算的，有的物业费里甚至还包括了车位费。所以租房的时候，如果你看中的房子面积不小，有电梯，小区漂亮，门卫帅气，那一定要多长个心眼，问清物业费多少钱，问清这笔费用由谁来交。相信我，不问不知道，一问吓一跳，物业费的金额甚至可能会影响你最终的选择，让你放弃某个表面看起来性价比很高但实际上加入物业费后就变天价的房子。

更重要的是，要问清物业费里是否有车位费，如果有，而你又不使用车位，那么是坚决不能交的。这些都要在签合同之前说清楚，一旦住进去，成为房子的使用人，面对收费大军的时候就弱势了，甚至只能息事宁人一交了之，切记，切记。

三、宽带费

如今不上网的人很少了吧？所以宽带费将被纳入基本费用之一。以前在家被爸妈养活的时候，我每天上网却从来没想到还要交网费。上了大学，学校是买流量制，我开始意识到网也是一个收费项目，并知道了下载电影最好不要在宿舍，因为流量好贵好贵。上了硕士，学校实行包月制，我又开始明白虽然不限流量，但寒暑假回家之前一定要及时关掉包月网，能省一个月是一个月。

省钱这条路，是在不断摸索中前进的。

等我毕业租房时，才发现学校收网费真是天地良心，10元钱能让我狠用一个月，什么高清电影随便下。而在普通住宅里办一个电信的网，每年动辄千元，还不一定快。

所以，寻找房子的时候要把宽带费用当作基本支出列进去。如果房子没办宽带，也没可能办任何优惠业务，那么做好付出至少一千元的准备吧，这都是你在合同里看不到的钱，但最后肯定是要从你的钱包里掏出去的。如果房东包过宽带了，那你就谢天谢地吧，当考虑其他房源的时候，要记住这里有个房子相当于比实际价格少了一千元呢！

四、取暖费

关于这个问题我真不想谈，因为我是一个纯正的北方人，以前的冬天，室外飘大雪，室内吃冰棍，过的是神仙一般的日子。为了爱情我跑到了南京，这里的冬天也会达到零下几摄氏度，却没有暖气，现在码字的时候手还是冰冷的，所以取暖是我的伤心事，不想谈。

但还得谈，因为不谈更伤心。

正如刚才我提到的，取暖要分南北方来谈。如果你在南方租房，那么恭喜，你不需要交取暖费了，只需要参见第一条，找一家电费便宜的房子来租就行了。因为电暖气以及空调都不省电。如果你在北方租房，就需要与房东交涉清楚关于取暖费的问题，这个比空调费贵，一个冬天几千元的费用啊！

关于取暖费谁来交，也是一个说不清的话题，依我的经验，大多是房东交的，房东一般会把这份钱摊在房价里的。但如果你不问，房东不说，房东既抬高了房价又不替你交几千元的取暖费，等到飘雪天你当杨白劳也是自找的。一般情况下，房东会替你付取暖费，因为国家对取暖有补贴，房东可以拿到补贴，交一下不算什么事，如果房东不愿意替你交，并提出“明明是你受益为什么要我来交”，那你就要记得砍价。说到底——一句话，不当冤大头。

此外说到取暖，再友情提示一下：北方租房一定要看保温情况，以及每年冬天的取暖情况。房子的窗户一定要双层玻璃，否则无论如何也不会暖和。至于冬天暖气烧得热不热，差异真的特别大，大到天堂和地狱的级别。我的舍友以前租了个房子，暖和极了，不满意又换了一个，头半年住着挺好，到了冬天就后悔了，那暖气勉强烧到18摄氏度，天一冷人就想冬眠，严重影响生活质量甚至夫妻感情。所以，签约之前一定要走走四邻，问一下冬天暖气热不热，世上好人多，一般都会实话实说。取暖太差的房子最好不要考虑，除非你很耐冻。

五、隐性成本

这事儿听起来很复杂，但拿我自己举例子你就明白啦！以前我租住在某高档小区时，吃饭的成本很高，楼下没有小饭店，吃饭只能进附近淮扬菜的大馆子，想叫个外卖也没什么可选。如果想买菜自己回来做，那么很抱歉，请去超市买净菜和传说中的“有机菜”吧，因为周边没有菜市场，需要坐车跑出很远才能看见亲切的卖菜大妈，无形中增加了你的居住费用。后来我租住到瑞金路附近，情况就大不一样了。周围有两个很大的菜市场，一个比一个便宜。楼下面馆、饼店、鸭血粉丝汤比比皆是，随便几点钟回家都可以吃上一碗热乎乎的小吃。更别说其他东西了，想吃什么几步就到，连买鲜花都有推着自行车10元一把的，比鲜花包月还便宜，又省了坐车去花市的时间和金钱，简直是幸福。

此外，还有一项隐性成本非常重要——交通费。与买房相比，租房有强大的灵活性，值得好好利用起来。许多人喜欢把房子租在单位附近，带来的福利不仅是早晨可以多睡几分钟，还额外节省了一笔交通开支。千万不要小看这交通费，1元钱坐公交、2元钱坐地铁的时代已经一去不复返了，即使外出乘坐公共交通也要几块钱起步。举个例子来说，如果每天上下班需要坐公交车转地铁，那么单次费用在5元左右，一天往返要10元（一个炸鸡腿的钱出来了），按照每周双休来算，每月上班20天左右，光交通费就是两张票子啊（一大袋炸鸡腿的钱出来了）。更别提有时候加班或者突发情况需要打车了，那是赤裸裸考验房子与单位距离的时刻。

除距离之外，还需要考虑的重要因素是交通是否便利，如果单位在房租极贵的地段，倒也不必为省下交通费而舍本求末，非租天价房不可。但宁可租“远”，不可租“偏”，这个“偏”指的就是交通是否便利。举个例子来讲，我有个同事家住得倒不是太远，但是每当加班到天黑之后，我可以悠悠然坐着公交车晃回家，而她家离公交车站有些远，白天的时候下车走走倒无妨，到了晚上，那段公交站与租住间的小路就不适宜单身女孩步行了，所以她只能选择打车，每次十几块，青菜买好几斤，鸡腿能买两三条，也着实让人肉疼。

所以说到底，租房的时候，不仅要看房子本身，更要观察房子的环境。我们都非不食人间烟火之人，吃喝拉撒、衣食住行都要钱，这些消费在租房之初千万要考虑到，不要被房子的表面价格所欺骗，背后所隐藏的价值更不容忽视。

六、清扫费

什么是清扫费？难道是请保姆吗？

当然不是。举个例子来说，当你想要租房时，打开房门一看，里面乱七八糟的，房东会抱歉地告诉你："这是前一个租户搞的，留下来一堆东西都没有丢，真烦。"在户型、房价都合适的前提下，你一般会提出"我搬进来之前，这里得打扫干净啊，至少废弃东西得丢掉"的要求。

那么问题来了：清扫费谁出？

可能性不外乎三种。一种你出，一种房东出，一种前面的租户出。无论哪一种都可以接受，但要牢记一点：你出且只能出一次。

出，且只能出一次。听起来像是初高中时学的数学公式。说白了就是，如果搬进去之前，你找了家政公司把房子扫干净住进去，那么等你搬离的时候，就没义务再出钱找家政打扫了，你只需要承担一次清扫义务。反之，如果你住进去的时候，前面的房客或房东已经把房子打扫干净，那么在你搬离的时候，房东也会提出要你把房子清扫干净再交出来，这是合理的。

通常情况来讲，租房前后均由房东承担清扫费的可能性不大，一般是两个租户之间交替进行，所以非要你出一次清扫费的话，也不必太挠头，清洁的环境对你本身也是有益的。但一定要牢记那一点，再重复一次：清扫费，你出且只能出一次。

综上所述，租房，你所要付出的远不只是房租，无数隐性消费都会伴随着新租房的到手而产生。单纯计算房租来规划自己的租房生活是不明智的，统筹考虑，订好计划，既开源又节流，这种态度是一定要有的。

小贴士

1.除房租之外，一定要问清房子所附带的基本费用，如水费、电费、燃气费、宽带费、物业费等的收费标准和缴费方式，缺一不可。除与房东合租的情况下，不要接受“水电费交给房东”这样的条款，那意味着房东可能要赚取其中差价。

2.如果一处房子本身不错，但周围全部都是高档消费区域，或者缺乏必要的生活配套设施，那么请慎重，入住后无形中的消费会高出许多。对生活品质要求极高或土豪请随意。

3.北方租户注意取暖费问题，签约之前与房东协商好，以免合同标定不清，临时扯皮欠缴，交不上费用是会停暖气的，到时候挨冻的是咱们自己。

4.在房价相差不大的情况下，租房离单位越近越好，交通费和宝贵时间都能节省下来，而且遇到加班等情况不需要花费高昂的打车费。

5.入住前需打扫，或者搬离时需打扫，这是人之常情，但要记住：无论如何你只交一次清扫费，两次均由你来承担是不合理的。

准备好：一系列盲点等你找

前几篇文章中，介绍了如何筛选房源、智斗中介、衡量成本、抢房有道。具备了这些条件，我们就算离一个成熟的租房者标准不远了，但也绝不可掉以轻心，因为还有些盲点正潜伏在房子里，静静等你来“找碴儿”。

一、社区构成

这个标题乍看有点含混不清，似乎也没那么重要。之所以把这条放在首位，是因为这个问题极易被人忽略，甚至起初都不会被当成一个问题，若不是我身边的人遇到这样的情况，我压根不会想到这里。

这个身边人就是我的同事，前段时间她刚刚租到一个单栋的公寓楼。这个楼蛮特别，不归属于任何一个小区，也不是临街的店铺房，而是藏在众多店铺后面，房子样样都挺好，但是入住之后出现了问题：快递和外卖送不到。倒不是位置偏远，而是这个房子不属于任何小区，绝大多数快递员和外卖员都是通过小区来送货的，不能准确报出小区名称，将会给送货造成一定的麻烦。因此我同事每次叫外卖的时候，都要跟外卖员讲一通房子的地理位置，通常沟通无果，是她跑下楼去站在街边与外卖员汇合。快递的情况好一些，但也好不了多少，每次换了新的快递员，就要新费一次工夫，经常看到我的同事身心俱疲地向快递员解释自己的地址。

如今，我们的生活大都离不开快递和外卖，所以在此提醒，最好租住正规的小区，破一点旧一点没关系，至少比那些非小区的公寓楼要方便多了。

同时，正规小区会带来一系列的保障，比如保安大爷可以给你壮胆，小区防盗门坏了有人保修，垃圾发臭有人清理，这些都是住在非小区所不能享受到的。此外，成熟的小区会有相应的配套设施，比如早点摊子、开锁换锁、小超市等，这些小店平时不起眼，生活起来你会发现都有大帮助呢！

二、朝向及采光

采光的需求因人而异。可能是北方人到南方生活的缘故，我对采光非常看重，感觉几天不晒太阳就要长毛，半个月不晒太阳就要抑郁了。所以采光我一定要提。

抛开个人因素不说，采光对身体健康和生活便利真的很重要，这点在本书下编的第一章中会做详细说明。在此要说的是，所谓的采光是指能否见到自然光，所以房子一定要有外窗，天井窗和走廊窗最好不要考虑，因为做人呢，最重要的就是开心，而长期见不到外面的太阳，人就会不开心。在有窗户的情况下，最好是朝南窗，大部分人都不太分得清东南西北，尤其是当到了一处陌生房源后，就算看见了窗户也不一定知道它是朝向哪，所以一定要问清，房东不可能在这种事上跟你说谎。

条件允许的话，最好白天看房，有些影响光源的因素只有白天才能体会得到。比如，我曾经租过的精装房，房东接待我的那天是个阴蒙蒙的傍晚，所以她把房间里所有的灯都打开了，诚然闪亮，我又看到每个屋都有窗户，就忽略了采光问题。等到住进去才发现，这房子不仅在阴雨的下午不亮，即使是有太阳的白天也不亮！因为楼层低，不远处有高层，又有树，窗子还开不大，唯一的大采光是朝南大阳台，光都射在阳台上而不是室内，所以采光不好。这些只有白天才能发现的问题，如果对采光非常渴求的话，一定要白天去看房。

三、厨卫及下水

本人又笨又懒，从小到大做家务不多，所以上大学前从未好好关心过厨卫这一家务主要战场。直到现在实操“生活”这杆大旗，我才知道：厨卫才是影响生活幸福指标的重要因素！

这点体会最早是读硕士期间所得。我住在中国人民大学历史悠久的红三楼，据说为20世纪30年代所建，巍峨不倒，复古味道十足。老房子一般都冬暖夏凉，在北方城市这诚然很好，但是管道的问题就有些严重了，我们三个女生共用一个洗手间，马桶经常堵，几乎要像呵护婴儿般呵护它，而它也像婴儿一样难伺候，说堵就堵，而且爱挑节假日找不到校工的时候堵。

能体会那种内急但马桶堵了只能换上球鞋跑到教学楼去上厕所的滋味吗？

人生大苦啊！

这种大苦真不想说出来，但生活就是这样，越脏乱差的东西越不能回避，人人都得上厕所啊！

租房也是同理。租房和上学不同，上学还有一个可供上厕所的教学楼，一旦自己租住，连一个可供你临时上厕所的教学楼都没有了，又不可能随便敲开陌生邻居的门，一脸谄笑地借厕所。所以租房前，一定要多次考验马桶。多冲几次水，观察下水情况和水箱进水。如果不怕房东骂的话，最好丢点纸进去再冲，这才能试出马桶真实的力量（如果现场上个大号可能效果更好，不要打我）。此外，要多观察小区楼道里是不是到处贴着“通下水道”这样的字条，如果是，那么很有可能这个小区整体的下水情况不太好，毕竟人家贴小广告也是有成本的，不会无的放矢。这里有需求，才会有纸条。

厨房也是一样，关注下水情况如何，否则水池子一堵也会臭的。此外，除了下水，还要关注厨房是否会串烟——也就是说，别人家做饭你能不能闻得到。作为一个文科生，我不懂这是什么原理。但我知道，一间串烟的房子可以让人在未开窗的情况下，也能清楚地判断出邻居家今晚吃的啥。听说止烟阀可以消除这一隐患，具体情况大家上网搜吧，恕我实在说不清楚。总之这一点虽然不是大问题，但能避免尽量避免。毕竟，如果楼下住的都是四川朋友，而你家的厨房又串烟，那就等着打喷嚏吧！

四、关键电器

首先明确一个问题，什么叫“关键电器”。

就是肯定要用，价钱贵所以不可能出钱再买一个的电器。代表有空调、冰箱、洗衣机。

先说空调，在北方空调的意义不太大，不怕热的话，电风扇也可以解决问题。但是淮河以南的同志们还是要多关心一下空调情况，毕竟冬天、夏天都要用到它，如果它坏了，幸福指数会大大下降的。

在此，我身边多个同事都出现过租房过程中空调影响幸福指数的问题。一是空调冬天不制热，导致她只能开油汀（俗称电暖气），而油汀非常费电又见效慢，哭也来不及；一个是空调能用但漏水，楼下的邻居三天两头上楼来找麻烦，而房东又不出面修，同事夹在中间受两头气。可见，空调是一定要试好的，不是打开再关上那种草率的试用，而是要开一会儿试试室内温度是否有变化，再观察是否漏水。还有一点，夏天租房的时候往往只看空调的制冷效果，冬天租房只看空调的制热效果，这都容易留下后患，半年之后房东肯定不会因为空调问题而给你退租，对不对？所以宁愿顶着房东的白眼，冬天也要试制冷，夏天也要试制热。

冰箱和洗衣机的试用就容易多了，除开关电源保证正常使用之外，还要打开观察下卫生不卫生。尤其冰箱，要观察里面是不是有小强，以此可判断这个房子里是不是小强横生。

此外，热水装置也是很必要的，由于每家使用的热水装置不同，所以也不好一概而论。大致上有太阳能、燃气热水器、电热宝这几种，各有优缺点，我比较偏爱加热快的电热宝，但其他的也不是不可以。只要有，就好；如果没有，要考虑自己夏天不洗澡、冬天无热水的承受能力，毕竟这东西不是你想装就能装的。

五、交接房日期

这个问题听起来很奇葩，但真遇到了也很头疼。比如你原住房子是2月14日到期，你在2月1日看到了合意的房子，并在2月5日签订了合同，那么请问房东什么时候交房给你呢？答案是：如果合同中未注明，那房东什么时候交房给你都行。

房子里的原房客如果因为种种原因，虽然不续租了，但他就是不搬走，且最终搬走的时间晚于2月14日（你的旧房到期时间），那么这空出来的几天你怎么办？露宿街头还是住个酒店？

所以交接房日期一定要提前向房东问清楚，原房客什么时候到期，什么时候能交房，什么时候你可以搬进去。这些问题落实之后再签合同，之前只交订金就可以了。房东急着签合同拿租房费，才会全心全意地催原房客按期搬离，否则无限期拖延下去，损失的只有你。

我在租酒店式公寓的时候就遇到过此类情况。说好了那间房我可以15日之前搬进去，但是原房客是个“妈宝”型不成熟小男孩，到了15日突然因为失恋而失踪，未交钥匙也联系不上。小男孩的妈妈打来电话请房东宽限一段时间，而我那个房东也是个好心人，居然同意了。他是这样回答我的：“你放心，房租肯定是从你搬进来的那天算起啊！”

道理表面上如此，但我由于没能按期收到房，只能在外面住了一周的酒店，一周一千多元钱啊，而且样样不方便，这种损失怎么算？

所以，一定要看准交接房的日期，千万不要给自己多添这种哑巴亏。

小贴士

1.所谓的租房盲点，其实既有共性也有个性，因人而异，没法全面涵盖。大家在租房前可以多上网搜搜帖子，权当放松，并寻找到自己的盲点。

2.如果真的不幸遇到了关键电器损坏、无法按时交接房、下水不通等问题，一定要用合同来解决，不解决之前绝不交房费。在交房费之前，你是可以有效制约房东并争取自己权益的，如果钱已经交出去，那维权往往就困难了。

准备好：再多的不如意，也不妨碍美好

看到这里，也许你和我有同感：租房就像过关打怪，要闯很多道坎，才能得到你想要的房子。因此打退堂鼓也大可不必，在租房的过程中固然有许多不如意，但并不妨碍其中的美好。

第一，通过租房，可以接触到更新鲜的环境，感受不一样的生活。以我所居住的南京为例，各区有各区的不同，也有各区的风味。老秦淮金陵古香古色，金陵气十足；鼓楼区浓浓民国范儿，漫步街头时有穿越之感；雨花区既有美丽的彩石传说，又有英烈的一身正气；栖霞区是大学城集中地，又有半部金陵史的栖霞名山；建邺是南京的CBD，高楼林立，十分繁华，生活节奏现代感强烈……不仅各区不同，连同一区的各个街道都有不一样的风格，我曾住过的秦淮区东水关，后来搬去明故宫，虽然同在秦淮，却风韵不同，一处是风景名胜赏心悦目，一处是厚重大气繁华便利。这些不同的生活是买房者很难体验到的，因为极少有人会一年卖掉一处房子再购一处房子，那样连装修也装不起，甲醛也吸不起。租房就不同了，如果想要全面了解一座城市，大可以到处住住，以居住地为圆心，四处看看、走走、玩玩。我有个心态很好的同事就曾跟我说过："反正我一时半会儿也买不起房的，租着房子住也蛮好。我挑好吃的特别多的房子来住，一年半载的吃够了、吃透了，就再换一处美食集聚地，再开始新一轮的试吃。有时候想想，这样的生活没有负累，很幸福。"我真心羡慕她的好胃口，羡慕她吃不胖的身材，更羡慕她的好心态。如果说租房是我们必经的一条路，为什么不用充实生

活、体验城市的心态去观照呢？我们都有让自己变幸福的能力。

第二，通过租房，还可以更灵活地安排时间，尤其是通勤问题。现在大家的工作变动都不小，今年在这家公司上班，明年可能跳槽到另一家公司。即使长期在同一个单位，也有单位搬迁的可能性。比如我所在的单位，虽然是机关单位，却一改“稳定”的气质，连续换了三处办公地点，横贯了大半个南京市区。在这样的变动之下，定居的人苦不堪言，而租房就有优势了，单位搬家，那咱也搬呗。到哪儿租不是租？只要卷着铺盖在单位附近租下来，就能比别人每天早晨晚起半小时，美乎哉？美也！这段就不多写了，因为睡觉的美处我不说大家都明白。

第三，通过租房我们能够接触到更丰富的社会层面，遇到很多平时遇不到的人。几次租房之后，我往往都会把中介的微信留下来（特别奇葩的不算），然后没事看看他们的朋友圈。看他们年底冲业绩时的劲头，看他们起早贪黑跑业务的勤奋，看他们拿到高额佣金的喜悦……这是我所没感受过的，是社会掀给我看的另外一个层面。因为我这辈子可能不会转行做中介，所以他们的行业经验对我来说那么可贵，而且在这些中介里，我遇到了很多难忘的人和事，生活往往比小说更加令人感叹。

比如小赵，她是我租房认识的第一个中介，人怯怯弱弱的，甚至有点傻气，她不止一次地带着我看房，可能看我比较面善，所以喜欢向我抱怨她的生活。她说自己刚从乡下过来，什么都不太懂，很拼命但不知为什么拿到的业绩就是比别人少，单位的老板不待见她，同事也笑话她，她家里还有个正在读书的弟弟，说什么也得在大城市坚持下来。有一次带我看房之后，小赵把笔记本丢掉了——不是笔记本电脑，就是普通的本子，这对于她来说是非常重要的，入行之后所有的业务信息都记在里面，包括潜在客户的电话和近期可租的房源。小姑娘脸都吓白了，我也替她着急，跟着她往回返，一路寻找。我们俩都低着头，像是在找什么宝藏，从大中桥一路找到瑞金路，那个本子却没有踪影。小赵当时就急哭了，哭得特别惨，她说：“一个破本子都有人捡啊！但我想哭的并不是丢了个本子，是我自己啊，昨天我做了一单，到头来那人说什么也不给中介费，老板也不替我说话，同事也不帮我，我怎么那么惨啊……”

那天中午，我搂着她在风里站了很久，最后买了一杯奶茶给她暖手。从理性上来说，小赵的工作能力实在不强，人也不够精明，无法在这个竞争激烈的行业里胜任这份工作，这才是她事事不如意的真正原因；但是从感性的角度来说，一个小女孩闯世界真的不容易，我希望她的业绩高升再高升，可以顺利地一路做下去。

我说："小赵，下次别把信息都记在一个本子里。多备几条路总是有好处的。"

和小赵形成对比的，是工作能力极强的小徐。初见也是憨厚真诚的样子，后来接触多了才发现，她有那么多值得我学习的地方。小徐连年是她所在中介公司的销售冠军，在我看来她的长处就是"真诚"二字，房子什么样就是什么样，没有一句夸张。如果她觉得房子不好，就绝对不会推荐你来看房，房子有坏处也绝不遮掩着，听她的推荐就跟听自己的内心回声一样，准确而朴实，即使买卖不成仁义也在。她的工作态度告诉我们：骗人可以骗一时，但想做一名好销售，"一世"比"一时"重要得多。

更令我感动的是小徐的上进心。有天晚上她带我看房，陪我磨到很晚，次日清晨我居然看到她朋友圈里晒出了考研的准考证。原来她今天考研！在考研的头一天，还陪着客户看房。保持认真的工作态度，工作之余还不忘提升自己，给自己发掘新的机会，她刷新了我对中介整体素质的看法。我很八卦地再一次刷她的朋友圈，发现一直以来她都熬夜学习，看的好像是药剂类专业的书，都是我所不熟悉的东西，好深奥的样子，好努力的样子。

后来小徐没考上，继续做中介，继续风生水起，业绩傲人。半年之后她买了属于自己的房子，从购房到装修全是自己一手操办。闲下来的时候，这姑娘会钩钩毛线鞋，做做精致小菜，在忙碌的中介行当里过出了品质极高的生活。我很庆幸在租房时遇到了这样的好姑娘，她甚至成为我暴躁、毛糙生活的一个标杆。姑娘唯一的缺憾就是还没有男朋友，如果不是书不能透露人家私人信息的话，我真想抛出她的微信号，让好男人都知道这个好女人的存在。有一天我可能会写一本以她为原型的书：上进的好姑娘值得许多人学习。

我们生活的圈子都会存在某种程度上的狭隘，从而在自己的世界里故步自封，坐井观天。但是通过租房将生活环境转移，可以让我们认识许多学校圈、工作圈之外的人。

流动着的生活有更广阔的外延，这样一看，租房是不是很快乐？

对，我们都会很快乐，如果我们想快乐。

小贴士

1.租房时肯定会遇到很多不如意，但一定要端正心态，找到其中的乐趣。

2.除非经济条件特别不允许，否则不要租太破太旧的房子，低质的生活环境可能会拉低幸福度。

3.租房过程中不妨多认识一些人，看他们的优点，读他们的生活，你会发现，真的很有收获。

第二章

单租、整租、合租、拼租，各类房源大盘点

酒店式公寓——高品质的低生活

2015年夏天，我来到人生地不熟的南京，开始了职业生涯的第一步。在此之前我看过许多恶房东、恶中介、假房源、不安全的租房负面帖，有强烈的“恐租症”。再加上我伟大的母后一天三个电话打过来让我“不差钱、租好点，一定要安全”，于是我一咬牙，不顾荷包的瘦弱，确定了人生中首次租房的目标：酒店式公寓。

酒店式公寓，说白了就是开在酒店里的长租房，比逐日酒店开房便宜得多，但与租用民宅相比，还是贵一些的。我开始奔走在各色酒店式公寓之间，再加上与许多酒店式公寓管家聊天学习，渐渐摸索出酒店式公寓的一些套路。

凭借我的经验，可以用极不准确的语言将酒店式公寓简单分为几类：

一类是酒店包房制。代表模式是布丁酒店，一个房间包给你，水电费全免，无物业费，每日有阿姨打扫卫生，一切都和住酒店一样，只是按月结钱。从1800元到2500元不等，视所住房间规格而定。我某年冬天曾住过一个月，最好的房型，要价2500元，开空调真是不心疼电钱，怕冷族内心极爽。但酒店包房完全不能做饭，从面积和实用性来讲，性价比也不算高。

一类是酒店外包制。代表模式是与如家酒店合作的青巢公寓。这间公寓曾解决了我半年多的住房问题。如家酒店将某一层外包给青巢公司，不再负责打扫卫生，只负责垃圾处理和安全监控。入住后要自交宽带、物业及水电费，洗衣打扫卫生均要收钱。与布丁相比，这种公寓更类似于租住民居，房间更大，自主性更强，一般来说价格也更便宜。由于房间前身是酒店，所以不可能有灶台和抽油烟机，通常配备电磁炉，煮个面条没什么问题。

一类是纯出租的酒店式公寓。这类公寓说是“酒店式”，实际上与酒店业务没什么联系，就是单身公寓，由公寓管家一间间租出去，这种单身公寓近几年崛起很快，代表模式有南京的魔方、未来域等。我的好朋友就住的这种，装修显然比经营酒店业务的公寓差，但便宜，生活设施也便利。其中最大的好处是自带小厨房，能够自己开火做饭。

目前市面上适合刚毕业的菜鸟职场人的酒店式公寓大致如上所述。几种公寓我都接触过，每一种都是想象中很美好，入住后的现实却骨感得很。

我不由得感慨一句：租住酒店式公寓，看似高品质，实际低生活。

为什么？

第一号“生活杀手”就是成本。即使入住时已经接受了酒店式公寓的高额房费，后续的生活成本依旧会令人肝疼。这费用不是别的，就是传说中杀人于无形的商业水电。

绝大多数的酒店式公寓都是商用水电，听起来很复杂，但用人民币作单位来解释就非常清楚。在2016年，南京市的民用电分为峰价和谷价，峰价0.55元一度，谷价0.35元一度。如果你用电时间集中在夜间，可能以谷价居多，电费不算太贵。但酒店的商用水电是不分峰谷的，统统是1元一度或1.1元一度。数学好的同学可以算一算，这一下子高多少？

也许你会说：“我用电很少的，能贵到哪儿去？”哈哈哈，你和当初的我想到一块儿去了。当时我也天真地以为，只要我随手关灯，能用多少电？在我萌生这个想法的时候，我头顶上的空调一定在无声地嘲笑我。夏天不要空调制冷吗？冬天不要空调制热吗？酒店的空调大多不是变频式空调，开起来电力惊人。更隐性且致命的一点是：由于房间的前身是酒店，所以封闭性都不是特别好。门可能有缝，窗也可能不是真空双层，空调制冷或制热后的保温效果非常有限，所以空调要持续工作。

我曾记得，入住酒店式公寓的第一个月，就被公示的电费清单惊呆了：一个小小的房间，400元的电费啊！当时是三伏天，我的内心却如数九寒冬。我想：以后可要再省点。事实证明，省钱与减肥都是远在地平线的目标。在即将到来的南京冬天里，空调制热比制冷需要更多钱，电费根本省不下来。

除去电之外，在酒店式公寓里，水也是一项收费大宗，尤其是热水。我住的酒店式公寓是按热水吨数计数的，我好友所住酒店式公寓是自烧热水然后分计水电的，无论哪一种，计下来的费用都让你大吃一惊。再加上物业、宽带等一系列费用，酒店式公寓的消费非常可观。

除成本外，酒店式公寓的实用性也不是特别强。一般来说，体现在使用空间和厨房问题上。能用作公寓的酒店房间都不大，平时旅游住几天没问题，但长期生活会需要很多存物空间和活动空间，原非为长住做准备的酒店房间，面积上就显得捉襟见肘了。作为一个微胖同志，我常感到自己在房间里活动个胳膊腿儿都会碰到各种坚硬物体，索性直接躺在床上朝着更胖的方向滋养，这样真的不好，不好……更不好的、更易胖的还在后面。很多酒店式公寓没有成熟的厨房，只能煮面煮粥，长此以往总有吃吐了的时候，那么外卖就成了胃口的救世主和身材的大克星。不能做饭，常叫外卖，这样的生活对存款和幸福感其实都是一种无形的摧残。

所以，酒店式公寓听起来很美好，入住在酒店本身就是一种格调，然而，当强大的水电费账单压下来，当厨房不好用一再叫外卖，当房间隔音差、人员密集等问题出现时，你会发现酒店式公寓并没有你想象得那么好，付出的高额房费极有可能就当了学费。

尽管如此，酒店式公寓并没有关门，而且做得风生水起。我身边有一批又一批刚毕业的大姑娘、小伙子选择租住酒店式公寓，这是为什么呢？

因为，酒店式公寓有一大波适宜于租房新手的好处。简单列举如下：

一、远离中介与房东

初入社会，万事复杂，内心怯弱，你是不是很怕与中介和房东打交道？如果是，那酒店式公寓真是好帮手。只需要找到酒店式公寓的地址，直接联系公寓管理员就行了。现在酒店式公寓的管理员都年轻化，很好沟通，善解人意，你可以随意看房然后与其签订一手合同，不需要付中介费，说不定还能抹个零头。这种便捷对租房菜鸟来说，足够吸引人吧？

二、感觉自己很安全

我妈对我租住酒店式公寓表示一百二十个满意，就是因为安全性。有前台，24小时的监控，保安巡逻，不刷房卡上不了电梯，一切和住酒店一样，安全性有了极大的保障。而且酒店式公寓大多临街，外面热闹繁华，也不怕有贼半夜爬窗子。对于女生来说，确实值得考虑。

三、物品损坏有人修

如果水龙头坏了，马桶堵了，电灯不亮了，这些你都会修吗？那时候与其期盼白马王子从天而降，还不如打电话给公寓管理员呢。绝大多数的酒店式公寓都是包修的，一叫即到，帮你修好，修不好就换，都不收费用。工科男可能不觉得有什么便利，但对动手能力弱的同志们来说就太合胃口了。省心省力就是省时间，省时间就是省金钱。

四、想来就来，想走就走

说是“想来就来，想走就走”可能有点夸张了。想来有时候也许来不了，因为酒店式公寓很抢手，满房情况时有发生；想走的时候也不那么容易走，这要视你所签的合同而定。但总体来说，酒店式公寓的租期比租用普通民居要灵活得多，普通民租要求一签至少半年，大多是一年。而酒店式公寓一个月、一个季度都可以租。所以如果你想过渡一下，过几天有好房子再搬走，那么酒店式公寓再合适不过了。

正因为酒店式公寓可爱又可恨，所以很多年轻人一毕业就租住了酒店式公寓，但却鲜有租得长久的。生活在酒店里有些不接地气，结束过渡期之后，还是会回归到租用民宅的生活里。

但我非常感谢酒店式公寓，感谢那些曾帮我修理过各种设备的管理员，当一颗稚嫩无助的心初次寻找房子的时候，是他们给了我最初“家”的感觉。每当我路过曾经住过的酒店式公寓时，都会感慨那段生活过的岁月，那时我虽然裹着厚衣服不舍得使用电费昂贵的空调，那时我虽然吃着油腻的外卖不方便自己做菜，那时我虽然每月付房租眉头都紧得能挤死蚊子，但我依旧不后悔租住在酒店式公寓里的日子，甚至很推荐酒店式公寓。如果你的经济条件还允许，如果初入社会真的缺少租房经验或合租伙伴，不妨先在酒店式公寓里过渡一下。

租房这种事，慢慢来会更好，而酒店式公寓提供了一个慢慢来的平台。

最后，简单总结一下酒店式公寓的优缺点。

优点：

1.租房渠道便捷。省去中介和房东，省去沟通的麻烦、纠纷的可能以及一大笔中介费。

2.安全性高。单身小女孩漂泊在外，为了让家长放心，酒店式公寓是个好选择。

3.后期维护便利。“什么都不会修”星人很适合酒店式公寓。

4.地理位置优越。通常位置都不错，毕竟人家酒店要做生意嘛，地铁、公交站都不会少。

5.租期灵活性强。可以视自己的情况签订以月为单位的合同，灵活性是民居完全比不了的。

缺点：

1.成本高。包括房费、商用水电费、物业费、宽带费等，算起来都不便宜，这是导致极少有人长期租住酒店式公寓的重要原因。土豪随意（但人家可能也不用租房）。

2.实用性低。使用面积低以及厨房难以使用等问题。极简生活者以及工作时间长、一回家就睡觉的同志可以忽略这个问题。

3.隐私性差。很难具体表述这个问题，但是住进去就会有感觉。同层楼里，人员密集度相对要高，而且由于隔间多等问题，总有一种身边全是人的感觉，隐私性相对差一些，但也不绝对。

总体来说，酒店式公寓是应市场之运而生的，固然有缺点，但绝对有适合群体。一是适合短租者；二是适合长租不差钱者以及极简生活者，比如空姐群体，我所租酒店式公寓里就有大批空姐，拉着箱子走来走去，哇，真是养眼。

跑题了，下面接小贴士，你们先看着，我去擦口水。

小贴士

1.入住酒店式公寓前，一定要对成本有正确估计，用电疯狂者慎重。

2.即使酒店式公寓租房便捷可靠，也不要未经审查轻易签订合同。拿到合同后要认真审核，一再确认自己不是与某个人而是与整个酒店签订了合同。不要相信所谓的“我们这么大个酒店还会骗你”“不需要合同了吧”这类说辞。无论什么时候，合同都是需要的。

3.绝大多数的公寓管理员都有你房间的门卡，只是轻易不会打开而已。我们怀着“防人之心不可无”的伟大革命理论，不在家时还是要收拾好贵重物品的。

4.入住前咨询好各类事项，电费的具体价格、有没有公共洗熨及晾晒衣服的空间、房间里动用明火有没有报警器等，毕竟酒店式公寓和民居不一样，很多细节比你想象中的要荒诞。

5.为了能住酒店式公寓，好好赚钱吧！

整租——想说爱你不容易

说完了酒店式公寓，接下来要讨论的就是普通民居了。我们绝大多数人租住的还是民居，只是租法不同，我用我非常不严密的逻辑将租法分为三类：整租、合租、拼租。

先来聊聊整租。萨特说“他人即地狱”，这说法有点绝对了，我觉得他人有时候是天堂，有时候才是地狱。不过，为了防止“他人是地狱”的时候他人还活动在你的房间里，所以整租就非常非常有必要了。

想想看，大清早起来你就可以随意使用洗手间，只要你不想出来，没人会逼着你出来。

想想看，你如果想在家里裸奔，你就裸着好了，没有人会指责你，更没有人会点评你肚子上的肥肉。

想想看，如果你在路上见到一只流浪狗很想把它抱回家，那你就抱回来好了（如果房东不反对），没有人在你和你的狗进屋时大发雷霆，然后把它丢出去。

想想看，每个月的水电费账单出现的时候你只需要惊讶就可以了，完全不必疑心是不是别人用了你的水电而让你承担他的那一份。

想想看，当你从学校毕业，当你从家庭脱离，当你还没有步入婚姻的殿堂，你可以独占整个房子，是不是很爽？

别光顾着爽，整租的优点不用多说大家都懂的，但整租的缺点是有显有隐的，需要咱们细细地表一表。

缺点一，也是最致命的缺点——贵。

一个苹果分给俩人吃，你可能吃得很不爽；但一份房租分给俩人付，那感觉一定很爽。整租最大的问题在于贵，不仅要承担全部的房租，还要独自承担中介费、物业费、水电以及产生的一切费用。即使家里有什么东西坏了，维修费也是自己来掏，那种“一切都靠自己埋单”的感觉想起来挺凄凉的。

缺点二，精神上的需求无法满足——孤独。

这一条听起来有点矫情，但每个人的灵魂都有矫情的时候。一个冬天晚上，你拖着疲惫的身体回家，一打开门，客厅里是漆黑的、冰冷的，没有人和你打招呼，没有人端一杯热水给你，没有人对你的抱怨回一句话，会不会觉得孤独？也许有人会说，这种孤独也能通过养一只宠物来解决。那么，当你感冒的时候，你的宠物会给你拿药不？你打针时，宠物会陪你住院不？你钥匙丢了，宠物会帮你开门不？人总有需要帮助的时候，同住的舍友带给你麻烦的同时，也会给你意料之外的帮助。

曾经，我也以为自己是个坚强的女汉子，只怕没有独立的空间，不怕空间里独立的自己。但是金陵大雪的那天晚上，我倚在窗前看那晶莹碎玉从天而降并被那种奇美震撼时，我大叫了一声：“快看！多美啊！”没有人回应我，我才发现那种无法分享的孤独。其实我们每个人都是怕孤独的，即使你不愿意承认。独立的时候我们可以思考、可以成长、可以睿智，但是陪伴的时候我们会觉得温暖、踏实。

更现实的问题是，如果你不怕孤独，你怕不怕黑？有一天晚上，我突然很贱地回忆起很久很久以前看过的一个恐怖片，当时恨不得抽自己几个耳光——想这东西干什么？但这种时候，记忆力偏偏就好起来！恐怖片里女鬼的每一个动作、身体的每个细节我全都想起来了。顿时，我感觉到屋里室温低了好几摄氏度，房间里每个黑暗的角度都分外可疑。我想开灯，却不敢把手伸出被窝，只顾着在被窝里发抖。那样子现在想起来好傻，但当时已经真实而绝望得想哭。如果有个舍友，你可以叫她一声，哪怕她冲过来骂你几句神经病，也不用纠缠在恐怖的黑夜里叫天天不应、叫地地不灵。

说了这么多自相矛盾的话，我其实只是想表达自己的观点：整租不是我们想象中的那么完美无缺，从经济和灵魂两方面考虑，整租——想说爱你不容易。如果是单身一人，那么，衡量一下内心的强大程度，慎重整租；如果是情侣或夫妻，那么，考虑到整租的自主性、便利性，还是强烈推荐整租。因为合租的问题，可比整租多多了，咱们下篇文章细表。

简单总结一下整租的优缺点：

优点：

1.自主性强。可以随意安排时间表，不担心影响他人。

2.隐私性强。关起门来就是自己的生活。

3.便于生活品质提升。现在DIY简装很流行，如果想要动手提升房间格调，或者要养宠物来丰富生活，显然整租更合适一些。

4.纠纷少。物品消耗、水电燃气费、公共空间使用等均不用与他人纠纷，省心。

缺点：

1.成本高。一室一厅的整租房其实比例不大，大多是二室一厅甚至更大房间，所以租房成本和找房成本相应都会升高。

2.孤独感上升。少了一个交朋友的机会，少了分享的快乐。

小贴士

1.如果想要整租一室一厅，往往会发现房源极少，二室一厅甚至更大的才是房源主流。这时建议采用“小区找房法”，寻找一些小户型小区，然后集中找房源，成功率会高些。

2.整租意味着所有的风险都要自己承担，所以租房前更要考虑好自己的支付能力、房产是否合法合规、房源是否安全可靠，切不可掉以轻心。

3.如果是女生，即使是单人整租也不要轻易告知中介和房东你是一个人，你要说我有朋友和我一起住，或者说自己有男友，虚晃小小的一招，就有可能击退一个打你歪主意的坏人。

4.整租房租压力大，所以可以适当与房东沟通付款方式。现在市面上比较流行的方式是押一付三、押一付六，也就是交一个月租金的押金，付三个月或半年的租金。整租可以考虑更改付款方式为押一付一。

5.整租后，一旦房内物品损坏往往需要自己来修，所以太破旧的小区不建议租，那意味着可能会将大量的精力浪费在修理东西上。

合租——生活不是《爱情公寓》

我曾在地铁里听过一个女孩抱怨："跟我合租的人好讨厌啊，跟《爱情公寓》完全不一样。"我听完这话之后，格外扭头去多看了那女孩两眼，我想知道这个单纯至斯的姑娘长啥样。

合租，怎么可能像《爱情公寓》一样？那是艺术，艺术虽然来源于生活，但绝对高于生活，尤其喜剧，还大大夸张于生活呢！抱着寻找"爱情公寓"的目的去合租，那趁早还是放弃吧！

因为合租真的是件累心的事。

为什么我们会选择合租？极少数人说因为怕孤单，但那真的是极少数，绝大多数人的原因都很简单——便宜。高昂的房租以及物业费，只要分到几户人家头上，立即负担就减少了很多，这笔账人人都会算，所以合租大行其道。

那么合租的生活到底怎么样？我认为可以用几个关键词来搞定。

第一个关键词：心态好

其实我们的大学生活就是合租的前身。同学们的学历水平、基础素质、作息时间、社会圈子都差不多，但住在一起还是会有矛盾，更何况走到社会上与形形色色的人同住？选择合租之前，一定要有好的心态，相信这个世界上有很多奇葩，而你极有可能遇到最奇葩的那个。张爱玲不是有过这样的理论吗？如果你凡事做最坏的打算，那个"坏"往往可能不会砸到你的头上来。

退一万步讲，如果真的砸到头上了呢？有些合租伙伴在看房的短时间内并未暴露出他的狼子野心，住在一起就原形毕露了怎么办？（原谅我用词这么狠，我相信遇到恶租友的时候，谁的内心都是恨恨的）解决的方法千千万，我只能说我知道的两个方法。

我的好朋友小Z就曾遇到过这种情况，她、房东以及另外一个合租女，仨人住在一套房子里。合租女生活习惯极差，以使用别人的东西为荣。小Z起初忍、忍、忍，但是当一瓶新洗发水十天就用光的情况发生后，她决定反击了。

吵吗？骂吗？打架吗？当然不行。她采取了迂回策略，把房东的洗发水"不小心"放进公用浴室里。合租女不明所以，大用特用，然后房东就发飙了，然后小Z就哭诉"我的洗发水也被她用光了"，然后合租女就被开出去了。

听起来有点"宫心计"，但是有人的地方就有斗争，有时候歪办法还是要用一些的。注意斗的时候尽量让房东去当前锋，自己不要上，人在他乡，得罪人不是件好事。

当然，绝大多数人不会和房东住一起，这个方法也不一定适用。在此情况下，我选择一种比较缓和的解决方式——谈一谈。如果谈不成，就忍一忍。租期到了就搬走吧！

也许你觉得这样太㞞，但我觉得没有必要为这样的事情伤筋动骨。如果他与你合租期间对你进行了违法犯罪活动，那当然不能姑息，警察叔叔会来处理他。但如果不是这样的大事，最好还是忍着点儿，你要想到：他只是你人生中的匆匆过客，为了一个品行低下的人而生大气、伤大身、费大神，真的没必要。

第二个关键词：时间表

通常情况，合租之后大家还是蛮客气的，都想好好过日子，没人挑事儿，但为什么矛盾还会存在？往往就在于时间表。

比如，你早晨要上厕所的时候，她已经在里面蹲着了，还便秘，一蹲就是20分钟，你一看表，要迟到了，只能抓着包就跑，路上一定怨气极深。再比如，你晚上回来想做碗面条，但她正在厨房里做"满汉全席"呢。等轮到你用厨房的时候，可能已经不是晚饭而是消夜了，你咬着面条的牙齿吱吱作响，心里肯定是不痛快的。

时间表的冲突往往是无心的，却是非常强硬的矛盾所在。我有个朋友以前在上海租房，江南闷热，夏天每晚都要洗澡，甚至每天洗一次都不够。她的同租舍友是个洗澡达人，进了浴室就开起手机里的电视剧，一洗就是俩小时。我朋友一身臭汗，不敢躺在床上怕弄脏床铺，又累得要死不想干坐着，只觉得世界全都是黑暗的，哪还有幸福感可言？

合租，是两个人或多个人平分一套房子的使用价值，这种冲突在所难免，所以在入住之前，最好先问清对方的时间表。是不是上夜班的？如果是，会不会半夜回来影响睡觉。早晨几点起床，洗澡的时候长不长，三餐是不是都自己做，会不会带朋友回来开“趴”。这些问题看似很八卦，但请相信我，有些事问清了，对未来有好处。

如果时间表有冲突，那就商议一下能否协调，比如能不能每次用洗手间不超过半小时。我有个同学就是长期便秘症，但大家都不讨厌她。因为她进厕所之前会很贴心地问你“你要不要先用？我要上厕所了，一时半会儿出不来”。这真的是用心相处的表现，也是很合格的同租舍友。

如果你们的时间表不冲突，那么恭喜你，你走出了成功合租的第一步。

第三个关键词：合租对象

我觉得说来说去，最重要的是合租对象，这个“对象”不同于上一条提到的时间表问题，而在于身份。

首先，我不支持女孩跟陌生男人单独租住在一起，原因不细说了，怕涉黄。有同事说我老封建，但是临到她租房的时候，她也不选择和陌生男人住，她说“如果帅的话可以考虑”，但我相信就算帅她也不会考虑的。生活不是网络小说，与异性同住不会发生太多的浪漫故事，倒是危险性会高一些。

其次，我不支持与办公室的同事租住在一起。刚入单位的时候，领导建议我和一个同事租在一块儿，我蛮喜欢那个姑娘，但是考虑到我男友总是来，怕打扰人家就没有同意。后来另外一个领导告诉我，其实与同事合租挺不好的，尤其是在一个办公室的。你会觉得上班、下班都是同样的人、同样的内容，烦得很。重要的是，这样的关系更容易闹矛盾。

领导的话字字真言。但是话说回来，如果不想找陌生人合租，同事、同学这两个选择是最优的。同学们工作地点分散在五湖四海，不容易租到一起，同事就成了更可行的选择。如果真要和同事一起租，最好选非同一部门的，且两部门之间没有利害冲突，两部门上司之间没有矛盾，两人平时在单位里关系不错且有共同语言的，这样才能保证合租质量，长治久安。

最后，我不支持和怪异职业的人合租。宋小宝演过一个小品，两个北漂族，一个是搞音乐的，一个是教舞蹈的；一个白天班，一个晚上班，所以干脆合租，共用一张床，一个白天睡，一个晚上睡。小品挺搞笑也挺感人，但我由此却生出一个想法：最好不要找职业差距太大的人一起生活。比如你是个白领文员，生活中规中矩，就不要找一个摇滚歌手合租，这不仅关系到时间表的矛盾，更关系到人生观与世界观的问题，你们很可能处不来。舍友和夫妻不一样，不存在互补，最好同步同类型，相处才更容易。

第四个关键词：长心眼

这个关键词听起来好土，但是合租是所有租法里最需要长心眼的。一般合租的成功来自于几个渠道：一种是房东同时把几个卧室租出去，你没得选择，被动地和“有缘人”住在一起；一种是你与认识的人相约同租，直接与房东签整租合同，然后两人协商分摊房租；还有一种就是已经有陌生人把房子整租下来，占据一间，然后再把另外一间分租给你，这就是所谓的“二房东”。

纵观网上租房受骗的，二房东造成的例子比比皆是。往往那人说自己把房租下来了，与你合租，物美价廉，你乐呵呵地交了钱，几天以后真房东来了，说压根没有把房子租给二房东，你交的那些钱当然也就不生效，房财两空。

为什么会出现这样的情况？归根结底，收你房租的那个人是没有房产证明的，他不能证明房子是他的，也不能证明房子是他租的，那你凭什么要相信他？

所以，当你必须要从二房东手里租房时，你一定要注意以下几点：

一要看他与真房东的合同，如果没有，不能租。

二要看真房东的产权证明，真房东在与二房东签约的时候肯定会复印一份给二房东的，如果二房东不能提供，那最好再观望一下。

三是最好见到真房东，告知真房东你的存在，否则真房东大怒与二房东毁约，你还是会被殃及。这样的例子是切身存在的，我的亲戚把房子租出去，合同上明令禁止对方分租，过几天再去看，家里就多了一个传说中的“表哥”，而这表哥长期不走，再一打听就知道，是分租出去了。亲戚比较慈善没有把“表哥”赶走，但如果真赶走了，这“表哥”也没有办法啊！所以，还是不要做这种冒险的事。

可以说，合租是几种租房方式里最便宜的，是性价比最高的，但也是最能考验心理素质的。在选择合租之前，先想好自己是不是适合合租，然后再走出合租的这一步。

不过，合租并非全是陷阱，更多时候带给我们的是感动和快乐。我的办公室姐姐现租的房子离单位远，价钱也不便宜，但她年年坚持租，原因非常简单：她不舍得与合租伙伴分开。三家合租已经处得像亲人一样了，彼此习惯，生活和谐，有困难的时候会互相帮助，有欢笑时一起分享。她说：“房租涨了我也不愿意搬走，因为我很难再找到这么好的邻居。他们也都是这么想的。”几乎是上演了一出现代版的“千金买邻”。

我们没有千金，但我们珍视邻居。最后我想说，祝每个合租的人都能找到合适的合租伙伴。世界这么大，能住在一个屋檐下，要多大的缘分呐！

简单总结一下合租的优缺点。

优点：

1.便宜。无论多高的房租，两个人甚至多个人分一下，心情顿时好起来了有没有？

2.不孤单。如果合租伙伴与自己合得来，那么可以时时与他（她）分享你的忧愁和喜悦，不孤单的灵魂会发光。

3.晚上害怕可以壮胆。怕鬼、怕贼者特别适合有个合租者，无论男女，都可以壮胆。

4.可以认识新朋友。拓展一下朋友圈，真的挺不错。

缺点：

1.难找合适伙伴。聊得来的，不一定玩得来；玩得来的，不一定住得来。合住才是最考验二人磨合度的，找一个特别合适的租住伙伴非常困难。

2.隐私性差。别指望对方不知道你内衣的款式和卫生巾的牌子，别指望对方不知道你的恋爱状态和工资情况，合租的情况下，隐私性不会好到哪里去。

3.如果对生活品质要求高，会很不方便。你想喝茶静心的时候，舍友可能在听摇滚；你想养宠物的时候，舍友可能螨虫过敏。

4.骗局多。合租可能会遇到二房东情况，这是骗局高发地段。

5.到期伙伴不续租，可能会面临被房东解约。你住得开开心心，突然有一天你的合租伙伴嫁出去了，然后房子到期她就不租了，你也可能因为一时找不到合适伙伴而弃租。

6、安全性差。多人合租的话，安全性就成问题，如果冰箱里放进去的大樱桃突然不见了，你甚至抓不到是谁偷吃的。

小贴士

1.合租最好先找人，再找房。说白了就是先找到你想与其合租的人，然后两人一起去找房。这样风险小，未来生活的幸福感也比较高。

2.如果是与陌生人租房。先要了解对方身份与职业，若对其存怀疑态度切不可同租。之后了解对方的生活习惯、宗教信仰等一切可能关系到生活质量的问题。单身女孩最好不要与单身男子同租。

3.从二房东手里租房时，一定要看二房东与原房东的合同以及房产证明。在允许的情况下，告知原房东你的存在。

4.合租不仅要分摊房租，还要分摊水、电、煤气费及物业费等一系列费用，在签约之前要与合租伙伴商议好。

5.合租时自己的卧室要有锁，长期外出时必须锁门，防人之心不可无。

6.如果不能允许对方带朋友回来，提前告知；如果不能允许对方养宠物，提前告知。请将所有你不能接受的事情都告诉对方，“丑话说在前头”对于合租来说是最好的。即使是合租未成，也强过合租之后大打出手。

7.存一颗包容的心，正确估量别人，也正确看待自己。如果你有公主病，就不要合租来祸害别人了。

拼租——新模式还是新骗局

首先声明，“拼租”这个词是我自己定义的，如果定义得不对，请不要批评；如果定义得蛮贴切，请热烈表扬。

“拼租”到底指什么类型的房子呢？我也说不清，因为它介于整租与合租之间，很难界定。根据高中老师们常用的方法，如果定义不明那就干脆举例子吧！

这个例子的主角是我。那是我来南京后实地看的第一个房源。当时青涩不懂事，几乎犯了之前我说过的所有错误：第一，相信了网上虚假房源，以为1600元真的有那么好的房子，独门独户精装修，又是秦淮区黄金地段，于是我拨打了网页上的电话；第二，当对方告诉我“那个房子租出去了，还有一套差不多的，你来看看吧”的时候，我居然没有要实拍图，就一连串儿地点头，约定了看房；第三，当我到了所在的高档小区时，门卫大爷很热情地问我情况，得知我将要看一处1600元的整租房时，大爷惊呆了，他说不可能的，这里都是大面积大平层房，不可能1600元租给你。那时候我没有转身就走，而是傻傻地相信馅饼会砸在我的脚面上。

然后“馅饼”骑着电动车来了，他真的带我进了高档小区，刷了会滴滴响的高大上的门卡，钻进了锃光瓦亮的电梯，一直来到了23楼。然后掏出钥匙，然后开门，然后……

然后我惊呆了。

确实是整租，但和图片完全不是一回事。简单来说，对方是把一处230平的房子，加砌了墙，加了独立的防盗锁，然后分隔成4个房间。每个房间里都补盖了一个小小的卫生间，基本形成了独门独户，我所要看的1600的那一间，就是一个朝东的客卧以及一个非常草率的卫生间。

“这是……整租？”我问。

“馅饼”君（这时候更应该叫“陷阱”君）非常理直气壮地说：“当然是整租了。这又不是合租，独门独户，自带卫生间，当然是整租了！”瞬间我对整租的定义被颠覆了。

当天下午我奔回单位，向疼爱我的大姐们诉苦说自己居然遇上了这样的“整租”，大姐们个个义愤填膺开始纷纷动手帮我找房源，以安抚我受伤的心灵。后来，随着我租房经验的不断上升，才发现那个时候的自己，心灵实在是太脆弱了，这算什么大事啊？

其实在整租和合租之间，还有另外一种房子，姑且叫作拼租——人家已经形成产业了！拼租的模式主要有两种：

第一种，房东自主拼租。

就是我所看到的那一种。房东手头的房子太大，房间太多，整租出去是很难的，所以干脆一不做二不休，动手把房子砌成了好几间。由于大多人与陌生人同租时，都喜欢用独立卫生间，所以就加砌了一些小卫生间在里面。姑且不说这些卫生间的质量到底过不过关，但锁起门来总算像那么回事，而且在租房网页上可以很大气地说自己是整租。

现在你随意翻开一个租房网页，如果出现某个高档小区里，有非常便宜的整租房，照片极美，但是一看面积又极小，比如22平方米之类，独立卫生间，就很有可能是这种房子，做好心理准备，图片上漂亮的沙发、餐厅可能都有，但都不只归属于你。

第二种，产业化拼租。

很多房东忙碌，无心照顾房子，只想托管出去让别人代租，这时候就有一些新兴的产业出现了。有些公司会接手这类房子重新装修，统一风格，划归成一小块一小块的，全都是独门独户，但提供一定面积的公共使用空间，并提供公寓管理员，几乎可以朝着酒店式公寓的方向靠拢了，而且比酒店式公寓有更好之处——民用水电，不再担心昂贵的水、电费、物业费。

这样的房子一度让我非常动心，一连联系了好几家。房源非常抢手，排队好久才有机会看上房。装修效果真的不错，又多是高档小区，阳台及窗外风景都很漂亮，但也会有一些问题出现，主要是使用面积太小。本来嘛，人家只是整套房子中的一间，现在要以整租的条件进行装修，再砌进洗手间，面积自然会减少。这样的房间一般也不带厨房，厨房是公用的，所以某种意义上来说，只能算是一种隐私性更强的合租。

更重要的是，这样的房子一点儿也不便宜。别看面积小，价钱已经直逼酒店式公寓了。

上述两种拼租，使我的态度很摇摆。我比较反感房主自主分隔房间并以“整租”名义出租的房子，但对产业化经营的这种分租方式又很支持。小小的空间装修得干净精致，又能提供优质的服务，如果是极简生活追求者，那真的足够了。

这种房源里，还会发生很浪漫的事情。我有个小姐妹就是在拼租房里找到自己的Mr.Right的。虽然是独门独户，但她经常捧着书到公共区去晒太阳，住在北侧的一个男孩每次都会很礼貌地跟她打招呼。平安夜的时候，男孩带了一袋苹果，敲开了拼租公寓里每个人的房门，一人送了一只。既非合租伙伴那样亲密，又不像整租那么孤单，这种带有距离的关系其实更易相处。当时我的小姐妹咬了一口苹果，就开始觉得北屋男孩挺帅的。

更帅的还在后面，小姐妹有胃病——我能说是乱吃东西吃的吗？不胃病才怪。但无论是什么原因造成的胃病，痛起来的时候都要命，而且带有一种西施化的病态美。当时小姐妹一路踉跄着奔出自己的房间，准备下楼去买药，恰好北屋男孩加班回来，二话不说就转头下楼，带了药，还煮上了热水。

在微妙的空间里，会发生微妙的感情。

后来的故事就不说啦，反正他们令人妒忌地在一起了呗！幸福的故事都是相似的，我从此总结出来的道理是：这种拼租开启了租客之间的新关系模式，虽然现在存在时间尚短，还未能得到市场的长期检验，但到底是一种骗局还是一种优秀的模式，值得我们拭目以待。

简单总结一下拼租的优缺点。

优点：

1.比整租划算的前提下，能够达到独立空间。

2.如果是产业化拼租房，装修通常都不错，还配备公寓管家，省心省力。

3.小区环境大多不错，门禁、保安齐全，生活质量有保证。

缺点：

1.房源紧张，合适的房子难找。

2.使用面积小。单从面积来算，性价比不算高。

3.依旧没有整租便利。

小贴士

1.如果是房东隔租房，请注意合同问题。由于隔租，往往他提供不了现在出租房签的合同，需要谨慎处理。

2.虽然拼租听起来挺浪漫，但还是要适当保持警惕性，美好的个例不能代表全部。

第三章

房子是租来的，但生活不是

没有房产权，也有快乐权

虽然我没房子，但我有权快乐。

租房前，请把这句话念三遍。否则你真有可能应付不了未来的打击。

小乔看房第一天，房东堵在大门口，连门都不给进，一脸嫌弃地把小乔上上下下打量了一番，然后开始了连环盘问：

“干什么工作的啊？”

“会计。”

“国企、私企、外企啊？”

“私企。”

“那很不稳定啊，工资高不高？”

“一般。”

“哪儿人啊？”

“武汉人。”

“天上九头鸟，地上湖北佬。心眼子才多呢！有没有男朋友啊？”

“目前没有。”

“有也不能带进来！我的房子不允许搞那些乌七八糟的事情。三个月付一次房租，每月两千五，能不能付得起啊？”

“我……阿姨我想先看看房子。”

“看房子？你先告诉我能不能交得起钱，再说看房子的事。如果交不起，那还看什么看？我的房子是让你白看的啊？”房东手一叉腰，气势如虹，唾沫一喷二里远。

小乔弱女子一枚，哪里见过这样的阵势，吓得急忙往后退，连声说：“那阿姨我再看看别的吧，打扰你了。”转身就跑。身后，房东的叫骂声还在回响：“没钱看什么房？”

小乔回来之后大哭了一场，问我：“怎么租房就要低人一等吗？我要回答她那么多问题，可我连房子的大门都没进去，到末了还要落一个‘没钱还看什么房’的骂名！”

我连连安慰小乔，说她遇到的只是个例，大多数的房东还是很不错的。但说这话的时候我心里也很虚，诚然大多数房东都蛮有素质，但这种“租房低人一等”的心态普遍存在着。

说个我自己的例子，我曾在八宝前街看过一套房子，新装修不久，虽然很漂亮，但我心里还嫌弃可能会有甲醛超标问题，所以动手开了一下衣柜的门，想闻闻是不是有怪味。谁知手刚伸出去，房东大娘就很殷切地提醒——确实是很殷切，态度并不强硬，但声调却高得很，她说：“小心点啊！新柜子啊！”

确实是新柜子，但又不是瓷柜子，我能碰坏了不成？我又转到阳台上去，大娘殷切的声音又传来了：“你小心点啊！高跟鞋轻点踩，新瓷砖啊！”

我惊呆了，那一瞬间恍然以为大娘的房子是水晶制的呢，那么脆弱。我觉得没什么可谈的了，在一个爱房如命的大娘面前，我的任何碰触都是揪心的，而我租来这个房子是要实打实住的，不是摆着看的啊！

我礼貌地道了谢离开，而大娘还在背后絮叨着：“这么好的房子你之前没住过吧？真是，这么好的房子，一般人都没有住过。你看全是新制的板材家具，你一定要爱惜啊，这么好的房子……”

当时，我的新房正在南京另外一个小区装修着，已经配上全套的实木家具，且不是板材的，比这高档好多倍。所以我真想回嘴顶大娘一句，但看到她爱惜地用抹布擦拭着门框的样子，还是把话咽了回去。我说：“大娘，房子真不错，我们再考虑一下哈。”

“这么好的房子，这么好的房子，你肯定没住过吧……”大娘的声音不断地重复着。

在大娘的心里，每一个租客仿佛都是野蛮人，稍有不慎就会把她的房子碰坏，所以我们根本无法建立一个平等交流的平台。这是租房中普遍存在的问题。以财富将人分为三六九等是不对的，但是租房者和房东碰面时，真会不由得低那么一头。

说到底，谁让你没钱买房子呢？谁让你租着别人的房子呢？有了房子的人，无论房子是怎么来的，好像都是人生赢家似的。在这里我要吐槽一处房子，房东是个漂亮姑娘，看起来比我还年轻，操着一口外地口音，一看就不是南京人。看房期间她接了一个电话，特别嗲，好像是约谁晚上见面之类的。我非常以小人之心度君子之腹地猜想着这房子的来源，还没等我在心里勾画出一个完整的故事，姑娘挂断电话冲我来了：“看中了没？我有事要走了。提前告诉你哈，如果你愿意租，我没法出示产权证明哈。”

“没有产权证明我怎么能确定你是房东呢？”我和中介都吃了一惊。

“我当然是房东！这房子是我在管！”姑娘叫了起来。

中介很专业地说：“签约的时候还是麻烦您把产权证明带过来，而且要把真正的房主带过来，他签约才能生效啊！”

姑娘一撇嘴：“我干爹没空！”

真豪放啊，干爹可以挂在嘴边说。更高潮的还在后面，临走之前姑娘突然说了一句：“我这房子好极了，要租就快点儿哈，否则像你们啊，永远都别想住进这么好的房子！”

我和中介仓皇而逃，逃到楼下之后相视爆笑。是的，我们不生气，只是觉得姑娘傻得有点可怜。她出卖了青春和那个所谓的干爹在一起，而房子的实际名字并不是她的，将来她什么也得不到，这些她知道吗？

不过事后想起来，我也有点辛酸，即使是这样渠道得来的房子，房东的心理优势感还是很强，还是觉得高人一等，真是很无奈。

不过无奈并不代表无解，真正的解药只能在于自己内心。在许多房东看来，你没有钱买房就是失败的。那只是他的看法。你不会永远没有钱，不会永远没有自己的房子，每个人都有过渡期，都要有积累财富的冰河期。天鹅也要有个丑小鸭阶段，你又有什么理由不坚强呢?

后来，小乔同学再次振奋起来去租房了。这次倒蛮顺利，租到了一处不错的房子。回来之后兴奋地跟我说："房东是个榜样啊，才三十出头已经买了两套房，家里是湖南乡下的，买房的钱全凭自己奋斗。怎么样?"

"厉害啊，标杆啊!"

"所以啊，今晚我得好好学英语，争取早点考上口译证，多赚点钱。我不跟你瞎聊了。"小乔一拍屁股走了，丢下我独自翻着白眼。

你看，就算没有房子，我们也不用感到低人一头，因为没有房子只是暂时的，我们还有一颗时刻向上、保持进取的心，不是吗?

房产权和快乐权，不画等号。

小贴士

1.租房时如果遇到无理房东，那么不需多言，直接离开。相信我，即使他的房子好，他本人素质所带来的问题也会抵销掉房子本身的优点。

2.遇到来源不明的房产——如上文提到的"房东是干爹"的情况，慎重租房。租房合同一定要与真正的房主签订。

3.租房是为了生活，快乐地租房是为了更好的生活。即使在租房过程中受挫，也不要让自己不快乐。

清扫，是一种仪式

生活，需要仪式感，对于租房生活来说更是如此。面对一个陌生的空间，未来的生活都要与它发生关系，难道不需要一个隆重的仪式昭示这种密切关系的开始吗？

我认为，这种隆重仪式就是：清扫。

房子是别人的，但未来的生活是自己的。无论多么不想打扫这个本质上属于别人的空间，在入住之前都应该进行一次彻底的清洁。至于方式——是自己做还是家政做都可以，但关键点一定要有所把握，清扫时最容易立竿见影的窗玻璃、地面、桌面反而不是最重要的清扫环节，下面几个部分才是重头戏呢。

一、除螨工作

螨虫是什么？请上网百度一下，然后就会被那放大了好多好多倍的小东西吓得鸡皮疙瘩掉一地。这个小东西不仅长得难看，而且与人的健康关系非常密切，可叮人吸血、侵害皮肤，引起过敏，严重危害人类的身体健康。据我所知，许多人都有螨虫过敏症，或是皮肤，或是呼吸道，只是大家未查过敏源所以不知道而已。

新入租房之后，除螨是个大事。出租屋里的纺织物往往都是旧的，而旧纺织物里最容易滋生螨虫，看起来挺干净，其实里面寄生无数这种可怕的生物。窗帘、床垫、桌布、沙发，都是螨虫高发地带，除螨刻不容缓。

那么如何除去这些螨虫呢？首先，把所有能过水的纺织物全部过水，如窗帘、桌布、床罩之类，全部拆下来清洗，千万不要怕麻烦。其次，不方便拆洗的物品，比如沙发和床垫，建议先用吸尘器吸掉里面的灰尘，再用紫外线杀螨仪全面杀螨。如果这些器材都没有，也有个很方便的方法——把这些大海绵制品全都拖到阳光充足的地方去晒，螨虫最怕的就是阳光。暴晒一天，除螨虫效果非常好。

二、消毒工作

生活不是做手术，不需要无菌的环境。但是，我们在不了解之前租客健康情况的前提下，要与之共用同样的家具，所以消毒是必要的。除了清理物品表面之外，还有马桶的消毒、厨卫水台的消毒，这些可以通过一瓶84消毒液来解决，如果怕自己做得不好，找一个家政阿姨能够做得更加完美。此外，还有两个常被忽视的环节要细讲一下，一项是空调的清洗，由于空调的滤网平时是看不到的，放在白净的空调里，我们觉得好像很干净，如果打开看看，会发现里面脏得令人吃惊。房东不会经常为出租屋清洗空调，吹出来的脏空气全都吸到我们自己的肺里，所以清洗一下还是有必要的，这个工作需要找专业人士来进行。另外一项是洗衣机消毒，洗衣机经常过水，看起来很干净，但冲水并不能取代消毒，如果之前的租客有皮肤上的传染病，就很有可能通过貌似干净的洗衣机进行传播。因此，正式使用洗衣机之前要放消毒液冲洗一次，才能放心使用。

三、冰箱清理

在我看来，租客最不负责的举动之一，就是搬离的时候未将冰箱里的食物清空。如果房东过很久一段时间才把房子租出去，那么冰箱里腐败的气味几乎可以把人熏晕。臭倒不算什么，更重要的是还会滋生大量细菌，你还敢在这样的冰箱里存放爱吃的食物吗？

所以接到房子之后，冰箱一定要清理，一定。如果冰箱不是特别脏，那么用白醋或者洗洁精简单擦洗一遍并开门放放异味儿即可，如果已经臭不可闻甚至发霉长虫，最好找专业人士来进行清理。由于清理冰箱的费用不菲，所以建议大家在租房验房时就注意一下冰箱的问题，及时向房东提出来，由上一名租客或者房东来承担这笔费用。

四、墙壁清洁

有朋友打扫干净入住之后，发现房子特别容易脏，每天都得扫地，不然就浮着一层的灰，她百思不得其解，后来才发现问题出在墙壁上。

一般来说，房屋的墙壁有几种材质的，一是乳胶漆，如果碰到这样的墙壁那就要开心一下，擦洗就可以，很方便；二是壁纸，装饰效果很强，也易于擦洗，但要注意是不是有浓厚的甲醛味儿；三是硅藻泥，这个就不细讲了，因为这种材料很贵，这样的房子一般房东都不舍得租啊。上述几种墙壁都不容易积灰，如果积了灰尘只要用微湿的抹布一抹即可，非常方便。但是我们最容易遇到的却是普通的刷了石灰的墙壁，也就是俗称的“大白”。这种墙壁特别容易积灰，而且积灰后不容易看出来。如果租房是这种墙壁，一定不能掉以轻心，要抽出足够的时间，把墙壁擦拭一遍。不要觉得麻烦，这种彻底的打扫将会为以后的卫生工作打下良好的基础，否则地面扫得再干净，还是会有大量灰尘不断扑簌簌地落下来。

五、通风换气

所有的清扫工作做好之后，千万不能忘记通风换气。这是整个清扫过程当中最有仪式感的环境了，当你把所有的窗子打开，清新的风吹进来，一扫曾经租客的气息，空气里都是新鲜的味道，是不是会感觉到人生的重新开启呢?

即使没有那么敏感的心灵，也一定要多通风，这是一种有益于健康的方式（注意不要在PM2.5超标的天气里进行这项仪式），空气流动起来，身体和心情都会好起来。

好了，写到这里我的心情也不禁兴奋起来，不说了，我要去打扫房间去了！

生活，需要清洁，需要仪式，需要负责任的每一步。

小贴士

1.清扫不仅是仪式，更是对健康生活的保障，一定要进行。

2.清扫要分步骤进行，比如先从高处开始，最后再清理地面，可以起到事半功倍的作用。

3.清扫要衡量时间成本，格外难清理的部分，建议干脆丢弃换新。

4.如果租房交付的时候已经脏乱得不能接受，有权提出由房东承担清理费用。

我们想要的，无非是一种安全感

罗伟章的作品《明天去巴黎》里，提到了这么一种情怀：初到大城市的成雨，住在租来的房子里，多年婚姻生活积累的幸福感一夜之间烟消云散，“你身上虽然揣着一把钥匙，可打开的是别人的门，你进了屋，虽然把门闭着，可也像是住在别人的房子里，总觉得在房间的某一个角落，原主人正以严厉的目光审视你，看你是不是弄坏了他家的地板或者墙壁，这样，你就像寄人篱下，不得不处处小心。更糟糕的是，你脱衣睡觉的时候，好像也有人在偷窥。”

说白了，这是租房中常遇到的问题：安全感的缺失。

安全感，是租房生活中不可回避的问题。我曾有一个朋友哭着说，她接房之后没有换锁，有一天房东的老公居然开门进来了，她大叫大闹，房东老公才解释说自己喝醉了，忘记新家已经租出去了。但是我朋友说：“我不相信他是不小心，他身上根本没有酒味！”第二天，朋友就把房门锁换了，每天晚上睡觉都把门窗关得死死的，一再检查才能躺下。但她还是经常睡不着，她在微信朋友圈里问：“我漂来漂去，这么痛苦，为什么啊？”

上述例子也许极端，大多数人不会遇到这么无良且胆小得临阵脱逃的房东老公。但是不得不承认，租房期间发生的安全问题很多很多。

比这更常见的问题是房东的频繁出现。我租第二套房子的时候，房东虽然是受过高等教育的人，却也提出了“你能不能不换锁？我还想经常回来看看”这样的要求，我听完之后严词拒绝，毕竟谁也不想下班之后一开门，房东正坐在你家沙发上吃瓜子，鉴赏你挂在墙壁上新买的大衣，更不希望你已经洗澡完毕捧着小说上床了，房东一迭声地呼唤着你的名字，然后推门走进来。

我的拒绝让房东也意识到自己的要求有点过分，但她还是提出了：“我就是心疼房子，你能不能每过一个月就把房子拍照给我看看，让我放心？”当时我的行李都已经在这里了，想反悔是不可能的，在房东的一再坚持下，我只能答应这个不平等条约。

后来我根本没有给房东拍过照，因为我的房东亲自来过好几次，不需要照片（这是另外一个问题，未来再表）。本身，要求租客在租住期间拍照，也是一种不礼貌的行为，生活在房子里，私人物品比比皆是，不可能把房子收拾得像军训现场似的那么干净。把你挂着内衣的卧室和放着早饭的餐厅每周一次拍给别人看，你愿意吗？这本身也是对安全感的一种挑战。

然而，“在人檐下过，哪能不低头”，许多不平等条约都是要接受的。虽然我们的社会并非以财富的多少作为判断地位的标准，但你不得不承认的是，有房的人、把房子租给你的人，说话好像就是硬气一些。如果你去商场买裙子，服务员一定对你笑脸相迎，好像你是上帝下凡。但如果你去租房子，房东与房客间的关系绝对违背这条市场交易的服务规则，也许会对你很客气，但条件一个也不会少提。

再回到“安全感”的问题。当我住进去两个多月之后，接到房东的短信，更劲爆的消息：她要卖房子！这条消息在我租房之前她一点儿都没有透露给我！如果你今天好不容易签了合同，明天却发现房子要易主，你会觉得安全吗？不会！

好在我事先有准备，在合同里注明了一条，如果房东单方中止租期，则当月免租，还要赔偿我两个月的租金。我的房东是个精打细算的人，不会放弃这一万块钱，而且说句心里话，她是个讲究人（东北话，意思就是很通事理、讲规矩），卖房时确实跟每个买主说明：“我的房子租出去了，我不能让我的租客提前搬离。”

但是，租房这种事，千万不能指望房东的良心发现，毕竟不是所有的房东都是好房东。在此我郑重地建议广大朋友们，租房的时候记得补上这么一条：如果租期内，由于房东原因中止租约，一定要赔偿。我曾细细地看过某知名中介公司的成品合同，里面没有这么一条。如果你不自己要求补上，等到有一天房东突然出现在你面前赶你走的时候，你想要赔偿就没那么容易了。

好，我的租期在合同与房东人品的双重保证下，得以延续。但新的问题来了，房东要卖房，人家买主总要上门来看房吧？你住在里面，你能阻止你的房东带着一拨又一拨的人来看房吗？答案是：不能。

这个问题曾让我一度不胜厌烦。我所租的是学区房，关于学区房的抢手程度我不想多说了，随便大街上拉个孩子正上小学的大哥大姐都能给你讲得头头是道。正因为是学区房，所以想买的人很多，看房的人更多。房东是个讲究人（我再三强调这一点，是因为我想说，讲究人尚且会给你带来这样的烦恼，那如果你的房东不是讲究人呢），她会在看房前一两天就打电话给我，态度很好很礼貌，能接待也就尽量接待。但是老天爷，我们是上班族，工作日白天肯定没法接待，晚上看房呢，我必须把我男友叫过来，因为有时候房东不来，就是中介带人来看房，全是陌生人，甚至是一群陌生男人，我一个女孩真心不敢开门啊！此外，我那段时间的工作也不知为啥那么忙，周末几乎不怎么休息，晚上加班也是常态。

所以总结起来，确定看房时间需要具备以下几个条件，而且要同时具备这几个条件：工作日晚上或者周末，我男友在家，我不加班。

那么，可看房的时间就很少了，房东不太开心，我也过意不去，所以尽量多安排。但是，当你晚上好不容易不加班，把男友叫过来做了一桌好菜，却突然响起“砰砰”的敲门声，然后中介带着一拨人和一袋蓝色的鞋套闯进你的家，东看看西看看，说些莫名其妙的话，八卦一点儿的人还会看看你桌上的饭菜，点评一下你衣架上的外套。那时候，你有安全感可言吗？

强烈的入侵感，没有安全感。

后来，房东终于把房子卖出去了。她松了一口气，我也松了一口气。我试着问过身边的人，才知道在一二线房产流动快的城市里，这种情况是很常见的。很多房东出租房子的同时也挂牌出售房屋，待善价而沽，卖不出去也不着急，反正可以租。但是租客就不能避免一众人走进来看房。

所以总结起来，在落实租房这件事之前，一定要考虑几个安全感的底线。

第一，你对房门的掌控权。这点需要你以换锁解决。

第二，房东是否会在租期内把房子卖掉让你迅速无家可归，这点需要你通过在合同中加相关条款来维权。

第三，租房期间是否会有各种各样的人看你的房子，这点需要看你的运气，并以你与房东的友好程度来解决。

也许你会觉得太矫情，“安全感哪有那么重要？”诚然，每个人对安全感的要求都不同，尤其男性，可能会比女性在这方面的感觉会弱一些。但矫情如我，就觉得安全感重要的不得了。租房期间，我要求一定得有门卫，楼下一定要有门禁，如果是三楼以下一定要有防盗窗。曾有好几个中介心里暗暗嘲笑并劝说我：“这里治安很好的。”但我还是坚持。

也许没门卫、没门禁、没防盗窗，也不会遇到危险。但我确定，当我关灯睡觉的时候，一定不会那么坦然那么舒服。

我记得有一天，天黑了，男友来看我，门卫大爷一直跟到楼下，直勾勾地看着他掏出钥匙打开我们楼下的门禁，并盘问他是哪户人家的朋友，才转头离去。男友把这事情告诉我，我急忙推开窗子，恰好看到门卫大爷正打着手电巡逻。

那一瞬间我感到温暖、感到幸福、感到安全。其实真遇到歹徒大爷根本打不动，但是安全感这玩意儿，就是这么无厘头。

所以，以我切身的经历奉劝朋友们，尤其是女孩子，租房的时候，一定要想想：你住进去，会不会觉得安全？

小贴士

1.租到房子之后，一定要在征求房东意见的情况下，换掉门锁。不要相信所谓的“我家钥匙没给过别人”之类的说法。不怕一万，就怕万一，换个锁不贵也不费力。另外还要注意，换下来的旧锁芯不要扔，也许会有奇葩房东以“你弄丢了我原来的锁芯那是很贵的，你赔我”这样的怪理由来让你赔钱。

2.合同一定要签，签的时候一定要写上一条，表示如果房东中途卖掉房子不让你租了，要赔偿你损失，并给你至少一周时间搬家。别觉得麻烦，更不要相信房东说“我不卖，你放心吧”之类的说辞，现在二手房交易率太高，别等到被迫露宿街头的时候才想起合同的好处。

3.选房子一定要看是否安全，女孩尤其如此。三楼以下最好有防盗窗，最好有门禁和门卫。好的门卫不仅可以保障安全，还可以代收快递呢！所租房子周围最好不要有工地，下班回家路上不要有黑暗的死角。这些都是保命的细节，千万不能忽略。

租期短？其实人生也很短

我曾去过一个同事的出租屋，进门之后嘴巴半天都合不拢，因为房内的景象与她本人予我的印象大不相同。房间旧、脏、乱、差，弥漫着一股怪味，所有的物品都不在它应该出现的位置。

而她出落得干净漂亮，也并不是差钱的人，平时奢侈包包一个接一个，高档衣服可以一周七天不重样。无论从哪儿省出一点钱，都可以实现整个出租屋的全面升级；无论从哪儿省下一点时间，都可以将房间打扫得干净妥帖。

为什么非得住在这样的一个“窝”里？我这人有点不给面子，很直白地表达了自己的看法，说完之后有些后悔，心想：她不会把手里的奶茶泼向我吧？

好在我的同事非常珍惜她的奶茶，所以听完这话并没泼我，只是笑了笑，喝了一口奶茶说：“房间有点差劲，是吧？我没收拾它，我想着也就租一年吧，租期那么短，何必呢？”

我不认同：租期那么短，就可以凑合着过吗？更何况，一年的租期，真的很“短”吗？它包括了春、夏、秋、冬四个季节，每个季节都有每个季节的美好，难道可以虚度吗？

其实换个标准来看，我们的人生也很短啊！这让我想起小时候看过的一个哲学家和他妻子的故事。说的是一个哲学家爱流浪，妻子陪着他到处奔波，每到一处，落脚后妻子都会精心布置他们的居所，力求住得优雅舒服。对此哲学家报之以哂笑，他说：“反正住在这里是暂时的，凑合着过呗？”妻子没说什么，依旧继续收拾房子。很快哲学家就可以在妻子收拾停当的舒适房间里思考人生了，他并没有想到：人生也不过是我们暂住在这个世界上啊！

人生也不长，难道也可以凑合着过吗？

当然不可以。

所谓的长与短，只是衡量标准不同而已。当你住进租来的房子，心想反正只有一年、一年也不长的时候，不妨想一想，一生当中能有多少个完整的一年？这样的时光一去不复返，而你正在活着的当下，就是此生最年轻的时候。那么，即使是租来的屋子，不是也应该认真去对待吗？

我们付出的认真不是为了屋子，是为了自己每一分、每一秒的生命。

所以，我支持用这样的态度来对待出租屋：不过分，也不忽视。

一、不过分

不过分，指的是不过度地装修。听我的中介朋友说，有奇葩的房客接到房子之后会极度认真地装修一次，一年之后换租，再装修一次。这种认真的态度虽然值得肯定，但一而再、再而三地投入大量金钱和精力去装修别人的房子，并不是明智之举。更何况，无论用了多么环保的材料，甲醛是必然存在的。入住之后即吸甲醛，甲醛即将散尽之时又搬走，是不是有些荒诞？租来的房子，最重要的就是使用价值，如果因为看不上而拼命装修，那不如多花费一些精力，寻找一个更合适的房子，少一些装修的步骤；如果因为装修而误了居住，或者居住的时候完全不舒服，甚至影响到身体健康，那就是本末倒置，还不如完全不装修。

除过分装修之外，大量购买新家具也不是明智之举。比如沙发、床之类，如果是租住房屋且经济条件不是很宽裕的话，不建议更换这些大件的家具。一是浪费金钱和精力，二是甲醛问题依旧不可回避。而且，有时候购买新家具会造成与房东之间的摩擦，比如你以为丢掉了房东的旧床，换了一个现代风格的新家具没什么大不了的，但房东却可能很抓狂，告诉你“你买的新家具是板式的，而我以前的家具可是纯实木的啊”，或者告诉你“谁让你丢掉我原来的旧床的？那曾经是我的婚床啊，我们虽然不用了，但要保留的啊”。所以，在更换大件家具之前，一定要与房东做好沟通，切不可擅自行动。

如果所租的房子样样都好，但家具实在是不够满意，可以通过清洗、换外罩等方式来改变。以沙发为例，如果沙发还是完好的，海绵弹力依旧，骨架完整，那可以上网购买新的沙发套，换完之后立即会有新的感觉。不用担心没有合适的尺寸，现在弹力面料可以解决很多问题。再以床为例，如果觉得睡人家睡过的东西非常不舒服，那可以不动原床骨架，通过购买床垫来改善。这些不过分的小举动，足以提升生活的品质。

二、不忽视

不忽视。指的是租来的房子也要好好收拾，好好爱护。

首先要做到的是干净。毕竟是别人住过的房子，易主之前至少要来一次彻底的清扫，向房屋宣示一下你未来一段时间的使用权，同时也给自己一个积极的心理暗示：“我要搬进来啦！这是我精挑细选的房子，未来一段时间我会生活得很好！”通过清扫这种仪式带来心理暗示，有助于与租来的房屋更好地磨合，更有助于未来的快乐生活。在此小提醒一点，如果接上文所说，不想更换任何大件家具，鉴于以前租客的卫生情况不明，所以还是要做一次除尘处理，用杀螨机或者吸尘器，对使用了大量纺织物和海绵垫的家具做一次清理，这是非常必要的。

其次要做到的是适用。每人的生活习惯都不相同，房东装修好的房子、安排好的格局未必适合你的生活习惯，那么在房东允许、不过于劳民伤财的情况下，适当地改变一下房屋格局也是可以。比如之前我租房的时候，发现房东喜欢把桌和柜都放在房屋中央，形成一个又一个小小的隔断，这样房屋固然较有隐私性和趣味性，但是对活动造成了不便。我喜欢的是可以活动的大空间，于是干脆就动手把这些桌啊椅啊全都搬到墙边，贴着墙根摆放。这样一来，房屋对我来说更加适用，而我也没有花费太多的代价。

最后要做的是，在房屋里印上你自己的痕迹。许多人住进出租屋后幸福感不高，总觉得那是别人的房子，找不到“自己家”的感觉。其实只要一些简单的动作就可以让房子更像你的。比如像上文提到的换一个沙发套，房东如果是纯色沙发，而你更喜欢田园风，那不妨去网购一个，百元左右，花色多多，由于面料富有弹性所以套起来也不太费力，适用性极强。套上这样的沙发套之后，再一屁股坐在沙发上，是不是就有“沙发属于我”的感觉了？再比如，挂一些照片和喜欢的画作。通常房东搬走之后，墙壁上都会留下一下钉扣，是可以用来挂画框的。那么在墙壁上挂自己的照片，一进门就看到自己的笑容，是不是会觉得亲切？或者挂上自己喜欢的画家的画——不用太贵的，喷印的就可以，一抬头看到心爱的作品，也会顿时感觉到这个小小的空间是属于你的，是完全按照你的偏好来发展的。

不过，在进行这一系列改造的过程中，我比较反对贴地板和重装壁纸。现在网上常卖一些PVC的贴片式地板，仿木头纹，把原来的地板擦干净一贴即可，非常美观和方便。但这种产品如果购买价格太高的不合算，如果购买价格特别低的，则安全性堪忧，胶中容易挥发一些对身体有害的物质。倘若贴完了地板还要出去避几天，使有害物质散尽，那么又失去“租房是为了使用”的宗旨了。同理，墙壁也是一样的问题，除价格和环保问题外，墙纸的操作难度也很高，别看专业贴墙纸师傅麻利的动作，换作自己来贴的话，绝对会一次次手抖贴歪。如果租房当中有部分墙壁确实有污迹、很难看，或者实在对某面墙壁很有想法，想要做一次DIY的装饰，那么购买合适的墙纸贴贴局部就可以了，没有必要把整个屋子重装壁纸。除非是要租一套房子长期居住（两年以上），那么建议进行一次大的改装，付出的代价值回所得。

总之，空间是极具可塑造性的，改造一处房子的方法有很多，甚至几个小小的动作就会让它大不一样，分外可爱。

别因为房子是租的就忽略它，窝囊地居住在一个自己完全不重视的环境里，东西乱丢，卫生不做，一点装修都没有。那样糟蹋的不是房子，而是自己。为了不糟蹋自己的生命，也要用心对待居住环境。

当一切都收拾停当，拉开窗帘，让阳光暖暖地晒进来，摆几盆喜欢的小绿植，用自己精心淘来的大水杯喝一杯温水，你会瞬间爱上这个租来的空间。

这房子曾是别人的，未来还是别人的，那又有什么关系？

至少此时此刻，它是属于你的。

小贴士

1.建议租房秉承的原则是：我看中了才要租，而不是我看中了它可改造空间才要租。租房与购房不同，花大力气进行二次装修性价比不高。所以如果某间房子需要你做大量的二次装修，那么最好放弃。

2.租房后完全不进行改动，也不太合适。租房后我们需要归属感，最好能够用小小的动作对所租空间进行装饰，使之更像是你的房子。

3.改装期间，不建议大面积改动水电，不建议大面积改动地面和墙面，不建议更换昂贵的大件家具和家电。

4.生活需要仪式感，正式租住之前一定要有个小小的仪式，宣布自己在新环境生活的开始。租期虽然短，其实我们的人生也很短，每一天都要珍惜啊！

避免扯皮是王道

不知道大家有没有这样的感受——你觉得幸福的日子，往往都是你的心静的日子。若有一堆琐事缠着你，也许会兴奋、会激动、会充实，但绝对体会不到真正的幸福。

所以，如果想要在租来的房间里住得幸福，那就在签订合同前规避一些将来可能会扯皮的问题，少点麻烦，多点自在。

那么，租房过程中，有哪些常见扯皮呢？

一、家具坏了知多少

一间房子，但凡有人住进去，物品的磨损都是不可避免的，但对于所有的房东来说，他心目中自己的家具都是最好的，所以一旦出现损坏，肯定会第一反应“是房客用坏的”。这种反应很正常，换位来想，如果我们是房东，可能也会有这种情绪。但这也引申出一个问题：租房里的硬件破损、丢失，谁来承担费用呢？

答案很简单：合同里说是谁，就是谁。

也许你会觉得这太草率了，但实际上出现问题之后，这一纸合同真的可以顺利地规避掉扯皮。一般来说，合同上的规定是这样的：

甲方负责办理该房屋的正常维修。

乙方应小心使用该房屋内的固定装置及设备，任何物件损失时（自然损失除外），甲方可向乙方收取修理费用或更新费用。

听起来特别专业，但不容易形成一个具象的概念。那么我们就举个例子来讲，比如小明把房子租给了小红。

问题一：几个月后梅雨天，漏雨了，谁来修呢？

答案是小明。因为这是房屋的正常维修方面，小红没有义务修房顶。

问题二：过了一段时间，家里的玻璃茶几面碎掉了，谁来承担换玻璃的费用呢？

答案可能是小明，也可能是小红。

这是为什么呢？玻璃桌面是小红在用，也是屋里的设备，坏了的话肯定是小红来赔嘛。通常情况下是这样的，但如果玻璃桌面不是小红使用坏的，而是到了年限自己裂开了，原则上跟小红没有关系的，这是条款里“自然损失除外”的范畴。

不过，这种“自然损失除外”是一种理想状态下，小红基本无法证明玻璃的碎裂与自己的使用无关，所以绝大部分可能是小红来赔偿。但通过举这个例子，大家更容易明白一个道理：房屋的固定维修与房东有关。其他设备则要分情况来看，如果是使用损坏的，那就要房客来承担，如果是物品到了使用年限不堪再用，则应该是房东来承担。

这种界定其实是很困难的，需要大家自己长个心眼儿。比如你租的房子里有特别破旧的东西，现在虽然还能用，但不知道多久就要完蛋了，那就要毫不犹豫地跟房东提前打个招呼：“这个东西肯定快要不行了，如果用坏了怎么办？”依我的经验，没有房东会咬定了“我这个冰箱虽然有二十年了，但质量特别好，你用坏了要赔我一个新的”。如果他有这样无理的要求，还是别租他的房子了，他本身就不讲理，其他方面也一样。

我租房子的时候就提前跟房东说清了，她有一个实木小茶几掉漆了，而且还在持续剥落，由于我事先打过招呼，后来怎么掉漆，房东都不会追究，她很大度地说“那桌子就那样，没有办法了。”

不过，毕竟有房东不近人情的时候，所以建议大家在接手房子之前验好房，列好物品清单，哪个好用，哪个不好用，哪个快要坏了，并一定程度地标明如果这些东西坏了应该谁来修。本着一个原则：早写、写清，是避免未来扯皮的最好方法。

二、房屋设施更换，好心会做坏事吗？

这个问题在之前的内容里已经简单提到过了，但由于上文讲到了物品损失，所以再提一次加强大家的印象。原则上来讲，租了人家的房子，房内的大件固定设施都不可以更换的。不过，征得房东同意之后，做什么都没有关系啦。

我的同事把房子租给他人之后，对方觉得装修不好，想要重新装修并重新配置家具。听了这话我同事非常高兴，一迭声同意了，但挂断电话之后他就想明白了，又拨打回去："你把我原来的东西都丢了，那你退房的时候，留给我吗？"

对方的回答是："当然不能留给你了，我都是新买的啊！"

听明白了吗？对方可能会把我同事家里的沙发、桌子、床全都丢掉，换成新的。这一年他住得是舒服了，等到他退房之后全都带走，同事家里将会呈现一种"家徒四壁"的感觉，再出租就难了，需要投入成本重新配置家具。

举这个例子是希望大家以房东的视角来看待租房中大件家具处置的问题。一般来说，房子出租几轮之后，房东对房子就不会格外呵护了，不会死守着原有的陈设不放，你如果想要更换，房东会同意，但你却需要"找补"：丢了人家的沙发，你退房的时候得补个沙发给人家，而不是带着自己的新沙发到别处快活。

所以，总结起来，租房期间对原家具物件的使用、保管、处置应注意的事项是：

第一，要征得房东同意，如果房东不同意，即使是一个破椅子也不要乱丢；

第二，如果更换掉，要一物补一物，不能将房东原有的设施减少。

之后，充分考虑自己的经济实力、时间分配、租住长度等因素，再决定是否要更换处置吧。

三、转租到底可不可以？

这个问题很容易被忽略，遇到之后就成为一个扯皮的重要问题。我有个同事，租房签约一年，不承想半年左右就换了工作地点，不能再租了。考虑到合同里写明，如果中途退租则要赔偿两个月的租金，同事舍不得，就在网上打了个广告，把房子租给另外一个小女孩了。

这个问题让房东大为恼火，房东找上门来，说肯定不会退还押金了。同事不理解：你租给我也是租，我转租出去也是租，反正你一年到头也不回来一次，有什么区别吗？更何况，考虑到你的心情，我转租的对象和我的条件基本一致：有固定工作、规矩人、单身女性、不养宠物，这还不行吗？

在这里我想说一句：真的不行。

原则上这种转租是不受法律保护的，因为同事不是房子的合法持有者，可以向房东租住，但无权再转租出去，如果这时候房东把那个小女孩赶走，二人都没法维权。更何况，背着房东转租，对房东来说也是一种情感上的伤害。

但是，有很多人都面临这样的问题，合同一般签约一年起，但这一年里有任何变动难道就不能再转租了吗？变通的方法还是有的，第一是跟房东商量退租，比如我的朋友在春节时签约的房子，在八月份的时候有事不想租了，找房东退租，房东其实挺乐意的，因为她签约时是淡季，房租低，而到了八月份是旺季（毕业生多），房子可租个好价钱，房东没有什么损失，再加上朋友态度很诚恳，所以两方都很愉快地结束了合约。所以，先与房东商量是重要的步骤，我们要相信房东和房客并不是对立的，大家互相是可以体谅的。第二是跟房东商量转租。有一些房东并不同意你退租，原因可能是他不想再费事去寻找租客，那么你就可以与他商议着由你代办转租出去，新租房的基本情况会告知房东并得到房东的允许。虽然转租是我在此书里非常不提倡的做法，但遇到特殊情况还是很有用的。需要注意的是，转租之后的房客应该和房东重新签合同，而不是和你。同时你和房东的合约应该作废。这才是正常的程序。

如果两种方法房东都不同意，就不让你走，就不让你走，就不让你走。怎么办？很不幸地告诉你，真的就没有办法了，至少没有合理合规的办法了。至于不合理、不合规的办法确实有，勉强说一下，那就是转租出去然后对房东称是你的表妹啦堂姐啦大姨夫啦之类，说你还住在房子里，他只是来探望你的。房东如果不能排除你们俩之间的亲缘关系的话，也没有什么办法。此条仅在合同中未标明“不允许外人来住”时有用。

再啰唆一句，如果你在签约时就考虑到未来工作或生活会有大变，那么在合同上就要未雨绸缪，写上有利自己的条款。还是那句话：合同是最有用的，早点写在合同上是避免扯皮的最好方法。

最后，祝大家能够将扯皮的烦心事都规避掉，然后过上心静的幸福生活。啦啦啦！

小贴士

1.扯皮的事项会很多，在租房之前一定要在心理上重视起来。

2.规避扯皮的最好方法就是将可能会发生纠纷的问题写在合同上，想得越齐全，未来扯皮的情况越少，生活越幸福。

3.虽然租房与房东尽量互不打扰生活，但是家中涉及家具的处置一定要事先与房东沟通。换掉的物品要保留，比如门锁、锁芯等，会有房东要求在退房时换回原物，若不能换回，你可能会在退押金时呈现弱势。

租房流程小归纳

到这里，本书关于租房的问题基本上讲完啦，洋洋洒洒都是血泪史和斗争经验。不过，本着负责任的态度，为了让大家更好地分享我的经验，最好还是形成一套清晰的租房流程，将我不成熟却绝对真诚的租房经验归纳如下。

即使你没有好好看上文，照着下面的流程来推进租房事业，应该也不会有大问题。（不过，还是推荐好好看上文）

租房基本流程（非权威却真诚版）：

一、获取信息

租房前首先要有一个房源信息获取渠道，总体来说分为三种方式：

（一）网络获取。顾名思义，就是上网嘛。通过58同城、赶集网、链家、搜房等网站，都可以快速而精准地获得房源信息，这也是目前最容易、最普遍的获取信息方式，建议大家优先使用。不过这种方式带来的隐患就是虚假房源比较多（参见本章第一节），要加强甄别。除上述网站之外，BBS、豆瓣小组等社区其实也是获得房源的好办法，这种社区可以有效地聚焦一系列有相同需求的人（租房者与房东），提供的信息量虽然不大，但准确度相对较高，可以积极利用。

（二）店面获取。店面，就是指房地产中介店面。找到一家看起来靠谱的中介公司，走进去找一个顺眼的业务员，报出自己的租房需求，一般分分钟就可以带你去看房了。这种方式针对性比较强，因为中介公司的店面分布在城市的各个角落，都有自己的优势业务范围，如果你对地点的要求很具体，只要某小区或只要某条街，中介公司可以准确地为你提供合适的房源。缺点是，往往全部实地看房，房子的情况在你进门之前都是未知数。

（三）其他渠道获取。网站获取和店面获取是比较普遍的方式，除此之外还有几种冷门的方法。一种就是朋友介绍，比如朋友的房子要出租、朋友租了一半的房子想转租等，都可能给你提供行之有效的房源信息。这种信息一般可靠（如果你的朋友可靠的话），不过有些事情熟人之间往往更不好办，所以多加谨慎也是必要的。另一种就是小广告，走进某小区，你可能会随处看到小广告“好房出租，拎包入住，请联系电话××××”之类。作为一个安全感比较低的人，我不推荐用小广告的方法租房，毕竟没有必要的审核，保障性不强。

二、看房

锁定合适的房源之后，就要开始看房了。那么看房分哪些步骤？

（一）实拍图看房。这种看房方式适用于有中介的租房方法，我始终强调看房之前最好有实拍图，这是省精力的一个重要途径。无论是网络上寻找的中介，还是店面寻找中介，看房前最好都要看一下实拍图，再决定是否去看房。毕竟谁的时间都不是可以白白浪费的，有些房子你瞅一眼实拍图就知道不在考虑范围内，那又何必非要实地看房呢？如果是房东直租式看房，也推荐跟房东沟通一下，索要实拍图先睹为快，再决定是否上门看房。

（二）实地看房。实地看房是非常关键的步骤，当进入看房区域之后，每一分钟都是宝贵的，某处少看一眼都有可能造成未来居住过程中的百般不便。那么实地看房到底需要关注哪些方面呢？具体情况如下：

1.安全性：包括窗子是否防盗（低楼层是否安装防护栏）、门的防盗（大门是否合格，单元门是否有门禁）、社区构成（小区是否正规，是否有物业与门卫，是否有安全死角）。

2.便利性：往返工作单位是否方便，附近是否有超市、菜市场、公交站、医院等。

3.水电与厨浴室：水电的价格是否合理，有无热水，水压是否足够，厕所是否便利通畅。

4.关键电器：是否有空调、洗衣机、冰箱等必备电器，是否有宽带，上述电器及网络能否正常使用。

5.朝向及采光：朝向以南向为宜，采光是否无遮挡，是否有通风采光良好之处晾晒衣物。

6.其他关系生活品质的问题，是否有凶宅迹象，是否有宠物过境迹象等。

三、验房

如果看房过程进展顺利，将会过渡到正式签约的阶段，在此阶段前，千万不能忽略一个重要的环节，那就是验房。也许有人会问，我都已经看过房了，还验什么房啊？验和看是有区别的，之前的看房，看的都是一些器物层面的东西，而验就是要多关注使用问题。说白了，在未选定此房之前，咱们只是“看看”，现在想要定下此房了，就一定要“验验”。

（一）房屋所有钥匙的契合度。房东提供的钥匙是否能够打开房里所有的锁，这个环节在之前的看房环境里肯定没有进行，毕竟没有看房客第一次看房就试人家钥匙的。但这个环节绝不可以忽略，曾有人租房并完成钥匙交接后，房东就出国了，正式搬家那天才发现房东提供的钥匙打不开门锁，而房东已经寻不见了。所以钥匙一定要试，不仅试自家大门，还包括物业门禁以及各小房间的门。

（二）再次确认电器是否能够正常使用。看房时对关键电器确定一般停留在口头，比如问一句“您家里电器都好用吧”，然后对方告诉你“好用”。在验房环节里，电器一定要好好试一次，洗衣机放水试，空调打开一段时间观察制冷与制热情况（注意，是制冷“与”制热，不是制冷“或”制热），冰箱打开听电机有无问题。

（三）厨卫下水是否有阻碍。再三冲洗马桶确保下水通畅，打开所有下水道的水龙头观察水流情况，厨卫出了问题将会非常麻烦，所以要仔细验查。

（四）房东是否遗留了重要物品。这种情况仅限于首次出租的房子，房东搬走后，如果有遗留的个人物品一定要向房东询问是否重要，是否能够随意处理。并告知房东“既然您确定除了家具和家电之外已经没有别的贵重物品在家里了，那再有遗漏就不负责任了”。这句话有点难听却非常必要，曾有人出现过入住一周之后房东突然索要放在家里的金项链，而这样东西租客连见都没见过，说也说不清。

（五）上述问题都验过并没有问题后，要记得抄录水电和燃气的指数，为第一个月水电缴费打下基础。因为收缴水电费、燃气费有固定的时候，不能够以租房者入住的第一天开始计算，因此或多或少都会存在差额，验房时一定要仔细抄录各项指数，待第一个月缴费结束后，找房东索要差额。在此还要留意前一位房客是否拖欠大量的水电费、燃气费，那样会导致停水、停电、停燃气。

四、签约

看房验房都是为了能够顺利地签约，未来出现的所有的问题，都要靠这一纸约书保障，因此要格外认真对待。

（一）有中介参与的签约。相对之下我比较倾向于有中介的租房，在签约这个环节就会省去许多麻烦。正规的中介公司都会有统一制式的合同，相对风险较少。其中要注意的几个问题是：

1.注意写明房屋的坐落地址、建筑面积、房产证编号（签约时务必要求房东出示房产证）。

2.所有姓名全部都为真名，如果房产证上有多人，那么签约时尽量要求全部到场，如不能到场，需要房产所有人出示授权书。

3.所有特殊承诺都要写进书面的合同中，切勿相信口头承诺。比如，房东虽然出租房屋却一直将房屋挂牌出售，那么合同中一定要写明如果租期中房东单方中止合同的赔偿措施以及搬家宽限时间。切不可以听信房东“不用写啦，你放心吧，我做不出那样的事”。如果没有写入合同而房东反悔，租户将没有任何保障。应尽可能地把所有承诺以书面的、客观的形式表现出来。

4.合同中必须写清交接房日期，以及付款押金方式。合同中应该写明房东收款方式，如果银行转账则应该写入账号，以免后期交房租有困难。

（二）与房东直接签约。与房东直接签约的好处是省下了中介费，坏处就是合同需要更细心的审核，除上述写下的问题之外，还有几项要注意的问题：

1.争取合同的起草权。合同这个东西听起来神秘，其实并不难拟，互联网如此发达，可以上网下载一份，然后打印出来成为正式的合同。为了防止房东使诈，建议采取主动方式，争取让自己来准备这份合同，这样有利于较早找出合同的漏洞，及时弥补。

2.审核房产证明，并要求房东身份证复印件一份供租客留底。基于公平，租客也可给房东留底身份证复印件一份。因为缺少了中介环节，房东的身份无人可以证明，一旦有假也无人替自己承担责任，所以一定要房东将身份证复印件留下来，以防万一。

除上述之外，无论是哪种签约方式，还要注意两个共同的问题：

1.不要向二房东租房。

2.没签约之前，绝不能交房租。交押金之后，一定要房东开具收据。

五、入住前的准备工作

费了这么大力气找到了心仪的房子，最终的目的就是为了入住。不过入住前，也需要做一些基本的准备。

（一）卫生维护。为了保证我们的生活质量，入住前一定要进行打扫，可以要求房东把房间打扫干净了再租给你，而你将来搬离时也打扫干净还给房东；也可以在入住前自己负责打扫，搬离时不再负责给房东清扫一新。关于这笔清洁费的问题，在本章当中曾专门提到过，一句话就是："出且只出一次清洁费。"

（二）门锁更换。无论房东如何保证自己家的钥匙很安全，入住后也一定要换上自己的锁，尤其是女生，万不可大大咧咧就住进去，因为毕竟不知道房东曾把钥匙借给过谁（一般人对自己已出租房屋的安全不会太关心），也不知道房东是否正人君子。换锁后要注意把原锁芯留下来，以免房东在收房时索要。

（三）告知物业。物业，抬头不见低头见，对于我们来说，有时候一个好的门卫顶上一个国安局情报员。所以入住前，最好与物业工作人员打个招呼，以示尊重，今后凡事请人家多关照，而且可以避免入住第一天就被物业人员当坏分子拦下来。

（四）熟悉周边环境。生活不只局限在房屋里，而是要与周边的一切事物打交道。因此，入住前抽出几小时的时间在周边走一走，了解有哪些便民设施、哪些公交站点等，女生要格外了解周边有哪些安全死角，避免以后夜路时经过。这些步骤都助益未来生活的幸福指数提升。

上述就是租一所房子的基本流程，按照这个步骤来，不会犯太大的错误。伴随着本章的结束，预祝大家租到心仪的房子，碰到通情达理的房东，过上幸福快乐的生活！

中编
购房、供房、装修记

第一章

房奴的生活，痛并快乐着

说真的，适度贷款有利于发展

富有富的活法，穷有穷的乐趣。但说真的，如果买套房并适度贷款，真的会让生活变得更好。这不仅是多了一套房，还多了一点压力、一点动力。

为什么这样说？我决定以小A和小B举例。

小A和小B都是我的同学，家境都比我好，想当初我们吃喝玩乐，策马奔腾在浪漫之都大连，欢实无比。后来我离开大连，而小A与小B因为买房，完全走上了不同的道路。

小B说："我现在，和小A玩不到一起去。"

小A说："小B啊？早不联系了，她不会玩。"

事例一：富家女小A

先从小A说起，大学毕业后小A就找到了如意郎君，情好意浓，于是商定结婚。大连作为东三省里出类拔萃的城市（原谅我对家乡的自豪感），是富人的聚集地，房价自然不低，但小A和老公家境均优越，双方父母一商定："哪能让咱孩子背房贷啊？全款！"

全款几百万，一套房子就落了下来，然后是装修，买车，有条不紊。婚后小A和老公都在银行工作，工资说高不高，但压力完全没有。生孩子年纪还早，双方老人又都能提供经济支持，不需早早积攒奶粉钱。不需要付房贷，房子足够大，也不准备换二套房，那么工资用来干什么？花！

朋友圈里大量出没小A和老公四处游玩的照片。工作日，他们在某个国外小岛上度假；半夜时分，他们在朋友圈里发各种美食，新上市的苹果手机二话不说来一个，前段时间火透半边天的某牌唇膏，每个色号来一支……花费基本上与工资持平，甚至会有所超出。

存款，自然是一分没有。

我不由得想起了全款买房前和小A的聊天，当时我很羡慕她能够全款买房，并很尖锐（确切地说是不礼貌）地提出了自己的看法："爸妈拿出那么多钱给你们买房啊，将来有个病有个灾的，他们可怎么办？"

小A白了我一眼："我们将来会还钱啊！我们不会白花父母钱的，只是觉得现在与其向银行贷款，不如让爸妈先垫上，将来我们有钱了再还呗！"

当时，说这段话的小A自信满满。

可是直到现在，她和老公还是没有还上这笔钱，甚至以后也很难还上了。两个人的工作都没有什么进展，倒是央企降薪进一步冲击了家里的经济支撑。再加上年纪的增长，小孩子即将出世，花销只会越来越大，拿什么去还钱?

想当年由父母出钱全款买房，优点在于没有利息，缺点在于没有压力。

今年余钱不太多，你可能会懈怠，想着反正是爸妈的钱，明年再还；

明年又觉得经济情况不景气，爸妈又不会催，那就后年再还……

后年要生孩子了，肯定没钱，爸妈也说不用还了，那就再拖拖。

一年一年拖下去，父母爱我们，永远不会像银行一样催逼欠款，这笔钱最终会成为无头债。

事例二：富家女小B

再来看小B，家里条件也很不错，全款买房没问题。但是父母一商议，只同意给他们小夫妻出一半的房款，余下的让他们自己贷款来买。双方父母都说："你们结婚组织了独立家庭，未来的路要自己走。而我们老太太老头了，要给自己多做一些预备的。"

这事发生后，小B挺不开心，也曾找我聊过，喝了几杯酒之后，就哭诉说："我自己的婆婆怎么那么不如小A？居然让我们还贷款！我爸妈也这个态度，这是怎么了？他们应该不缺这份钱。”

小B还说：“你知道吗？如果还贷款，20年到期之后，我们相当于多给银行28万！这笔钱不是白白浪费了吗？”

我被银行的高利息惊到了，拨拉着手指头也算不清。但此事过去不久，我也很快被小B的变化惊到了。以前小B是个高消费姑娘，出门必打车，下馆子必高档，偶尔还要去大连那几家五星级酒店的自助餐厅喝杯茶——真的，人家花300元多只是为了去喝杯茶，而不是像我这样拼命往肚子里塞大鱼大肉。自从有了贷款之后，小B完全变了一个人似的，一年前她到南京来看我，一见面我都没认出来：相貌还是那么好看，但穿了一身舒服的运动服，背了个书包。我说：“你怎么不拎挎包了？”她回答：“挤地铁不方便啊，你们南京地铁人太多，不如大连。”

“那你打车啊。”

“打车？多贵！”她白了我一眼。

吃饭的时候我心想：这顿得我请啊，不知道这丫头会指哪个高档饭店呢。我给推荐了几个，她小手一挥：“不吃那些，贵死了，呐，那儿有个‘外婆家’，就它！”

菜点多了吃不完，小B居然招手让服务员带几个盒子来，“打包啊，带回去还能吃呢！”

那顿饭吃完，我以为有外星人绑架了小B，用一个假的小B来和我会面呢！我就差拎着她的领子高喊：“把真的小B还给我！”

其实看到她由骄傲的公主变得节省，我心里有点酸，毕竟谁都希望朋友过得没心没肺幸福愉快。但后来发生的一件事情让我觉得：是好，就是好！

小B是高中老师，平时工作很忙，但有寒暑大假，这段时间小B苦攻英语口译，考得了高级口译证书，再加上漂亮的外形，很快就找到了业余的兼职，做一次口译几千块就进了腰包。她说起自己的成绩时虽然语气有点苦哈哈：“怎么办？百万贷款在身上呢！”但实际上，一脸得意是掩饰不住的。

她还说：“你别给我说出去哈，老师兼职，说出去领导要找谈话的。”

我说："不行不行，不说出去我会憋死的，这故事太励志了，我肯定要把你这个励志故事写给大家看的，你怕别人知道，我给你用化名好吧？"

她说："行，化名行！弄个'如烟''如玉'之类动听的名字哈，一听就是大美女的那种。"

我答应了，然后给她化名为"小B"……她会不会打我？

言归正传，再回到我们开篇讨论的问题上来：如今的小A张口闭口还是LV、马尔代夫，依旧没有存款，没有任何理财规划。但小B已经开始对家庭经济情况的筹谋布局，并向着新一代女强人的方向进发，她老公也是同样，小日子一片欣欣向荣。

同样是买房子，同样都有足够的经济条件，贷款与否改变了她们的消费观以及未来的人生轨迹。所以她们现在玩不到一起去，而且可能再也不会玩到一起去。

这里，小A与小B的故事可能有些极端。我并非说贷款是万能的，也并非说贷款能够催人奋进、感人至深，其实我想说的是：年轻人，适当的压力还是有必要的。也许你会说："没有房贷，我也可以自加压力，订立每个月的目标计划。"那也很好。但考虑到自制力问题，漫无目的地攒钱极易半途而废、得过且过，房贷却能很坚定地提醒你每月花销不要超支。因为一旦超支无法付款，银行不会像爹娘那样好说话，迫于这种动力也会多存钱。所以对于很多自制力不强，且家里全款买房有压力的同志们来说，强撑着付全款远不如贷款更适合。

重申观点：买套房并适度贷款，真的会让生活变得更好。在此要强调一下"适度"二字。小B之所以因房贷而成长为新一代优秀女青年，是因为房贷金额在可控范围内，没将她压垮，只能给她动力。如果沉重的房贷像一座大山似地倒下来，直接把花儿一样的女青年压瘪了，那还有什么成长可言？

所以房贷不宜太多。

在此就要举一个反面例子小C。小C不可谓不上进，而且还是某电视台的著名记者，高薪一族，结婚后买了大房，考虑到自己及老公的能力，果断贷了笔大款，每月还款金额高达1.2万元。她第一次把手机还款短信拿给我看时，我嘴里的橘子差点整个噎进嗓子眼儿。

小C告诉我："有压力才会有动力。"

没错，但压力太大了有时候就是一道作死的神力。小C还款一年之后，老公出轨，净身出户，但房贷全都落到了小C一个人的身上。其时孩子刚刚出生，样样都要花钱，月嫂钱、奶粉钱、营养费、房贷、日常开支……压得小C喘不过气来。这时候如果卖掉自己的大房子，换一个压力轻松的小房子，显然是最明智的做法，但刚出生的宝宝不允许她这样做，她没有足够的精力来买房卖房，更没有精力开始漫长的装修之路。

每个人的生活都可能遇到意外，过高的房贷会在意外到来之时，对你进行雪上加霜的打击。身边人都对小C寄予同情，但无能为力，谁也不能帮她还款，不能帮她带孩子，不能帮她再寻一个如意郎君。别人的同情是无力的，痛苦却只能自己来承担。

所以说到底，贷款不是万能的，也不是万恶的。它到底"恶"还是"能"，取决于以下几个因素：

第一，是否能持续。房贷的还款期限一般在十年以上，打的是持久战。如果没有持续还款的能力，那千万不要给自己加这份压力。以我自己为例，没工作之前是个小写手，有时候写得多了，每个月进个万余元没有问题，但我那时候不敢动贷款买房的心思，因为做写手嘛，今天有饭吃明天就挨饿的可能性很大，哪敢打这场长期战役。直到毕业了，进了体制内工作，有了稳定的收入，才敢真正承担起这份债务。

第二，是否能适度。小C的例子实在触目惊心，所以在此要重申这一重要因素。贷款可以有，但不能超过家庭总支出的50%。超过了并不是不行，而是会严重影响到生活的质量。贷款能够提供小小的动力，但如果购房后想吃个煎饼果子都要犹豫再三，这样的生活还有什么幸福可言？如果孩子交学费都要四处筹借，这样的日子还有什么尊严可言？如果过年给父母的红包都掏不出来，这样的儿女还有什么责任可言？所以一定要控制住量，宁可贷少了，也不能托大，千万不能把未来几十年都系在巨额的债务上。

第三，是否有保障。还房贷靠的是什么？对于绝大多数人来说，靠的是工资。那么贷款前问问自己："我的工作可靠吗？近年有没有被开除的可能性？"如果工作前景尚不明朗，千万不要贸然贷款。如果还款靠的是老公，那么贷款前也要问问自己："我和老公的感情稳定吗？"如果婚姻前景尚不明朗，千万不要以自己的名义贸然贷款。退一万步讲，还要考虑一下父母，父母近期会不会有大事小情需要用钱？如果有一个重症在床、需要大量用钱的亲人，贷款的事儿还是放一放，命比房更重要。如果父母身体健康、保险齐全，那么不妨再问一问：一旦自己和配偶不能按期还款，父母能不能帮得上忙？能够帮得上，就是最理想的状态了。

考虑过上述三个因素之后，还需要克服自己的心理因素。我在背负房贷之前，就曾进行过非常激烈的心理斗争，觉得自己从此要当房奴。但等到真的贷款并住上宽敞的好房子之后，内心就渐渐地安定下来了。

房奴其实并不是"奴"，你还是可以做自己的主人，只要把风险把控在自己能够接受的范围内，谁能让你当"奴"？

小贴士

1.根据自己的实际情况，慎重决定是否背房贷。如果全款买房毫无压力，建议全款，利息能够省下来进行再投资；如果全款买房压力很大，不建议强撑着全款，适度贷款有助于自加压力，以更奋进、更节俭、更严肃的态度面对生活。年轻人，需要这种态度。

2.贷款前银行会对你的经济能力进行评估，同时我们自己也要对自己的经济能力评估。风险是最需要考虑的，如果家庭关系和经济生活近期有大变动，万万不可贷款。

3.虽然利息高昂，但没必要强制缩短还款日期，那样会给正常生活造成很大负担。先将还款日期订立得长远一些，等到经济能力有所提高之后，才采取"提前还款"模式，效果会更好。

4.有效利用公积金、房补，多关注相关方面的大政方针和本地政策，可以大大减少还款压力。

5.贷款使得手头有部分资金盈余，有时候用盈余的钱投资理财，会使贷款变得更加合算。

6.最后要说，如果你现在正体验着“房奴”生活，觉得还贷款压力挺大的，那何不化压力为动力，以更昂扬的姿态生活呢?

买房事事自己跑，知识真的学不少

某位于姓同学，家境不错，学历不错，毕业后进的单位也不错，从小到大顺风顺水，没什么波折，也没什么磨炼成长的契机。自从某年某月购入房子一套，且工作地点、购房地点离父母十万八千里，他开始了漫长的为房子奔波之旅：办贷款、还贷款、找装修公司、谈判物业费、智斗开发商……一路斩妖降魔、施展十八般武艺之后，某于姓同学已经成熟历练、百毒不侵、身强体健、脑子灵光。

这个于同学，就是我的男友。我曾笑称："你没读过硕士，但你装修了一套房子，这一溜儿的磨难经历过来，也算读过研究生了。"

真的，如果你从买房到装修事事全都自己办，你会发现，对社会的认识将从这一步开始，不断提升、不断成熟，不断炼成千金之体。

那么，到底哪些磨难需要你来斗呢？

第一斗：斗中介

购买新房，那中介这个环节可以省去，大大舒一口气，直接跳入斗开发商环节；如果购买的是二手房，呵呵，前方中介已经在等你了。

在上一章里，我们通过租房内容介绍了许多中介的套路，让大家见识了中介的功力，在此就不再赘述了，关键要讲几点租房时遇不到的问题。

一是买房急不急。急不急你说了算，中介说了不算。有些中介一见你的面就急吼吼地说："大哥快买吧！再晚买就要涨价了！快快快！"好像今天不买明天世界的房子都会在一夜之间消失似的。买房这事儿咱们也急，因为房价随时都在变化，好房源总是不等人，但不能中介催你买你就买，要把握好自己的节奏，切忌一着急就傻眼，一傻眼就走眼，一走眼就等着后悔吧！

二是买房贵不贵。买东西的宗旨一向是——再便宜、再合算的东西也要抱怨几句贵，说不定价钱就落下来了呢？如果中介告诉你“真不贵啊真不贵”的时候，你也要眉头紧锁做无奈状，“实在点有贵”。钱在你的包里，到底多少钱才是你所能承受的底线，这个关键问题只能你一个人知道，别人无权参与。

三是中介费。这个问题其实是中介与买房者的主要矛盾，通常情况下，一套二手房成交后，中介会提取3%左右的中介费，别看这个比例小，以100万元的房子举例，提下来就是3万元啊！掐着手指头算一算，把它换算成大米或者花生油，能装一屋子，立即就感觉到心疼了是不？所以这个比例是给大家看的，并不是实际算的，如果你未能了解情况，直接按照3%的比例给，吃亏的往往是自己，中介不会突然良心发现决定少收你一些钱的。所以中介费是一定要砍的，“一口价”往往就是最好的砍价方法，说好了给多少钱，就这些钱，不用再多说。由于二手房交易的中介费很高，所以只要你给出的价格不是太离谱，中介一般都会接受。

第二斗：斗银行

说句心里话，银行其实是最好斗的环节，因为银行的各项流程毕竟是规范的，可钻你空子的余地不大，就是程序比较复杂。我们与银行要打的主要交道就是贷款，是否能贷款，银行肯定会对你进行全面的评估，如果评估这关过不去，自己也要动脑子想想是不是不适合贷款。

如果贷款顺利办下来了，接下来面临一个重要的选择，就是还款方式。目前贷款提供的还款方式有两种：一是等额本金还款，二是等额本息还款。这两种方式的优缺点何在？要如何选择？

等额本金法，特点是每月的还款额不同。第一个月的还款额最多，之后逐月减少，越还越少。这种还款的优点是：所支出的总利息不多。但缺点也很明显：

还款初期，还款额较高，年轻人刚刚买完房，之后还要装修、结婚，经济压力会很大。

等额本息法，特点是每月的还款额相同。具体来看，在月供中“本金与利息”的分配比例中，前半段时期所还的利息比例大、本金比例小，还款期限过半后逐步转为本金比例大、利息比例小。这些问题其实也不用过多纠结，只要记住从还贷那天开始，每月还款额一样就行啦！这种还款方式的优点是：与等额本金相比，头几个月还款钱数额相对少，适宜家庭的开支计划，对于年轻人来说压力不会太大。缺点就是：算起来你会给银行付更多的利息。

总结一下就是这样：等额本金初期压力大，但总体算下来给银行的钱少；等额本息初期压力小，但全部还款结束后付给银行的利息多。这样看一目了然吧？

到底哪种还款方式好，其实很难界定。要根据各家实际情况来选择。我家采取的是等额本金还法，初两年确实压力蛮大的，但是后来慢慢好起来。一般来说，银行会推荐等额本息，因为总体收到的利息多嘛。具体用哪种，上下几万甚至十几万的事，大家好好想清楚。

第三斗：斗开发商

开发商这个词，说起来让人又爱又恨。爱的是他们提供了一套又一套闪闪发光的房子，恨的是他们提供的房子质量能再差一些吗？通常情况下，房子会附送一些开发商自带的设备，而这些设备的损坏几乎是家常便饭，比如阳台玻璃门说爆就爆了，比如房顶说漏就漏了，比如地面上倒一杯水根本不会自流因为地不平，比如墙壁敲击有空而且若隐若现几根铁丝……这些问题在每个小区里都会或多或少地存在，足够你跟开发商各种纠纷、各种扯皮。

上述这些问题要怎么和开发商周旋呢？那就要利用好“验房”这个武器，交房前开发商会允许业主验房，这个环节千万不能马虎，一旦验完签字，未来的问题开发商就会躲起来不再帮你解决。为了最大限度利用好验房的效能，建议请一个验房师。验房师会用更专业的手法帮你验好房子存在的问题，记录在案，等开发商整改。

那么，验房师哪里找？当然是自己找！如果你已经确定了装修公司，且装修公司免费提供验房师，那也可以接受。最不能接受的就是开发商提供的验房师，有些业主不明所以，不知道需要验房师，这时候开发商很“好心”地提醒你：“找个验房师吧，多么放心啊？我们就可以给您联系。”千万不要用。这时候提供来的验房师基本不会帮你验出什么房子里的大问题，具体道理我不说大家也明白。这种验房师形同虚设，你只是白白给人家交钱而已。

第四斗：斗物业

物业是我们与之长期交往的对象，每个人都希望物业好，因为它的好坏直接影响到未来生活质量。门卫是不是和气，保洁是不是给力，都是抬头不见低头见的事。那为什么要斗物业呢？主要集中在两个问题：

一是车位。现在家家都买了车或者预备买车，车总不能在天上停着，车位就很重要了，一般小区的车位分为直接购买和租用两种，车位的售价和出租价格就足够与物业进行一番斗争了。

二是物业费。物业费各家有各家的标准，但每个城市都会给物业费提供一个上限，免得物业漫天要价。这样一来，就有物业公司直接按照最高价格收取物业费。能接受吗？当然不能，这也需要斗争啊！

也许有人要问，车位费过高、物业费过高，这些问题我都遇到了，要怎么斗争？要我打上门去吗？

当然不是，现在是法制社会，哪能斗殴。如果购买的是二手房、老小区，这类问题一般都有之前业主们与物业磨合并形成一套规定了，你不必着力想去改变，也很难再改变，只能试着接受；如果是新小区，就需要大家自发地成立业主委员会，为所有居民争取福利。以我们所在的小区为例，小区居民年纪都不太大，自发建立起一个群，有问题及时在群内沟通。当物业费高得不合理时，就约定并推选出业主委员会，与物业进行沟通。这种沟通非常有效，物业费、车位租金等渐渐就会回归到一个可以接受的正常水平。不过，这个过程是漫长的。

第五斗：斗装修公司

装修是个大问题，装完能掉一层皮。由于本书单辟一章专门讲述装修问题，所以不在本章细讲了，总之要做好准备，被欺负、被欺骗都是有可能的。

五斗下来，有败有胜，放平心态，这都是必然。装修一套房子，我们付出了大量的金钱和精力，如果只得到了一套房子，那远远不够，我们应该在塑造它的过程里，接受磨炼，学会成长，这不是更丰满的收获吗？

所以，我觉得现在买房的年轻人们，即使父母在身边，能够帮着自己做许多工作，也应该尽量凡事自己来跑，自己来定。我们的工作和生活环境都有局限性，以房子为契机你可以接触到各色人群，了解人生百态，回头想想，这都是财富！

最后，附一下签订购房合同的注意事项。合同是大事，中介及网络都可以提供各种各样的指南，但内容过于专业和烦琐，反而会令人无所适从。在这里，给大家总结成几句话，方便记忆和应用。

1.先问土地能用吗？

如果土地不能用，建于其上的房屋肯定不合法，权益得不到保证。所以，签约之前最先看的就是"五证"——开发商的土地证、建设用地规划许可证、建筑工程规划许可证、建筑工程施工许可证、销售许可证。复印件作假太容易，所以五证都要看原件。

2.再看合同像样吗？

房屋买卖合同文本一定要规范！落笔之前细细观看，也可以先上房产局网站下载打印相关合同学习一下。含糊其词的、不像样子的合同打死也不能签。

3.交房违约保障吗？

交房日期是许多人容易忽略的问题，买了房子却迟迟拿不到房，要多窝心就会有多窝心。所以签约时一定要规定出卖人逾期交房的违约责任——延期交房必须有赔偿，依法律规定由违约方支付对方合同总价的1%~5%的违约金。交房日期一定要明确到年月日，不接受任何口头保证。

除交房日期误差之外，还要注意面积差异。商品房（新房）交房时出现面积差异，一定要有违约说明。通常情况下，面积误差小于3%的，据实结算房价款；

超出3%时，则有权退房。

4.房价到底怎么算？

在签约之前买方对房价的计算方式通常都有数，但脑子里有数不行，眼睛一定要看清。合同上应该有计价方式、每平方米价格、总价款、支付条款及其他费用（如水暖、燃气的初装费等），缺一不可。

5.合同看着顺眼不？

这句话可不是笑话，签合同时出现“扎眼”的部分，一定要提出修改，这一般都是卖方故意做出来的权利与义务不对等的内容，事后容易发生扯皮。及时提出自己的修改意见，保护好自己的权益，严肃对待权益，合同才能最大限度地保护我们自己。

小贴士

1.买房只是开始，不是结束，未来有一系列事务亟待办理。如果时间、精力允许，最好自己来办，不要委托父母，这是一个成长、成熟的好机会，能够帮助你有效地提升社会阅历、经验值甚至语言表达能力、逻辑思维能力、形象思维能力等一系列在学校时拼命锻炼却不得提高的能力。

2.购买新房和购买二手房所要面对的“敌人”不一样，要分情况看待。一般来说，购买新房的主要“敌人”是开发商和物业；购买二手房的主要“敌人”是中介。区分对待才能把握特点，逐一击破。

3.关于开发商，合同手续要齐备，自不必多说。如果购买的是期房，一定要多次核证开发商资格，以免跑单烂尾，这样的悲剧比比皆是。而且，不能忽略验房环节，不要以为“别人家验过了都挺好，那我家肯定也挺好”，凡事不怕一万，就怕万一，寻找一个可靠的验房师是前提，自己也要多查相关资料，才能事半功倍。

4.关于物业，建议大家遇事不要率先与物业撕破脸，因为今后将会抬头不见低头见，和气方能长久。联合其他业主成立业主委员会，用合理、合规的方法来解决问题才是根本之道。

5.关于中介，二手房交易时要考虑中介费问题，这不是一笔小数目。不要按照中介所开价格支付中介费，除非你很不差钱儿。砍低中介费可以通过协商或者干脆一口价来进行，能省一点是一点。

小心患上房瘾症

我有房瘾症，真的。

以前从未觉得“房子”这东西和我有什么关系，但自从成功买下第一套房子并进入装修环节后，对房子的需求感和渴望感强烈攀升，我开始上网疯狂搜索房源，不间断地刷新各中介网站的二手房信息和各大楼盘的户型图，甚至有一天午休，我放弃了商场的打折活动而逛到了某售楼处，倾情看房之后差点手抖签约，在落笔时刻才猛然想起来：我有了一套房，为什么要买二套房？更何况，二套房的首付款还不知着落在哪里呢！

后来我才明白，我这是得了房瘾症。

所谓房瘾症，就是一种短期之内对房子充满极大热情的心理问题，这与网购上瘾剁手不迭是一个意思，综合来讲，房瘾症有以下三个表现。

一、无论有钱没钱，超想买房

路遇不动产公司就会不由自主地停下来看广告，盘算着这个地段的房价，与自己已买的房子不断对比；网页上弹出新楼盘开售广告就想点开，而且不由自主地预约看房；逢心仪小区就想询价，四处找样板房看间……无论是上述哪种表现，都是怀着百分百的购房诚意去看的，每次见到好房都想买，见到的房子如果不够好，也要像买房人那样一再挑剔，长吁短叹。因为购房欲望表现得太真实，以至于中介、售楼小姐都将此人圈定为目标用户，骚扰电话一个接一个打过来，过多信息量的摄取引得自己更想买房，甚至稍有不慎就会忽略自己的经济能力，再购一套房。

二、无论对象是谁，见人就谈房

如果说买房、看房是在私人生活中的表现，那么“见人就谈房”则是社交活动中的障碍了。有段时间我们单位买房的人很多，大家最爱讨论的话题就是房子，我也是一股子热劲，见人就想谈房：“你买在哪儿？多少钱一平方米？物业费多少？是学区房吗？你原来的房子升值了吗？卖掉了吗？赚了吗？再买吗？……”反正就是一系列这样的问题，除了房子好像全天下都没有什么可聊的了。英国人呆板，专聊天气，但天气至少是大家都关心的；如果我专聊房子，那将有一大批人不想和我聊，因为人家不关心房子，或者并没有买房的打算，在他人看来我就是面目可憎、言语无味，极大地影响了社交生活。

三、除了看房，啥也不想干

除了对社交生活的影响，房瘾症还有个大问题：占用大量业余时间。上网时除了看房子别的都不想干，那就别提学习和提升自我了。以前每到下班后，我都会在自家书桌前学习一小会儿，或者写几笔东西，练练自己的狗爬字，甚至读一点英语幻想自己将来能当个好翻译。然而自从得了房瘾症之后，我觉得业余时间做什么都没意思，就是看房、了解房子相关信息最有意思，如果自己这边没啥看了，就打电话联系自己的同事、同学，问问他们那边房子的行情。看房的知识真的学了不少，但是回头想想，个人的提升呢？工作业务的进步呢？写作的理想与梦想呢？还有积在家里的家务呢？全都被耽误了。

之所以把房瘾症这个现象写在书里，就是因为我的切肤之痛。如今我已经从这种迷狂的状态里走出来，以旁观者的身份发现：原来身边很多人都得了房瘾症，只是程度轻重不同，表现轻重不同而已。

这种现象很奇怪，一般不会发生在买房之前，往往发生在买房之后。比如你网购的时候，下单买了一件衣服，回家一试穿，哇！很不错，是不是就又想点开网站再买一件类似的？买房也是这样。第一次买房，这么大的金额，这么多的付出，难免会充满期待，一旦期待得到了满足，就会进行下一步的购物计划，甚至开始盘算着将成功复制，再买一套房子。

通常情况下，在房瘾症的前提下购买房子，都会失败，因为这是不冷静消费的后果。在此敬告所有和我一样“房瘾过”或“房瘾着”的同志们，克制自己：

房子不是消耗品，不需要一下买好多；

房子不是生活的全部，不需要占用所有的时间；

房子不是一个聊天万能话题，不要让你单一的聊天内容吓走身边思想更丰富的朋友；

买完房子，生活应该更充实，而不是被它占据。

小贴士

1.看完此文，请先自查是否患有房瘾症。如果有，请马上洗把脸，告诉自己“房子买完了，别再看了”。

2.如果还未购房，或者还没有患上房瘾症，请及时将此文推荐给自己的伴侣，告诉他如果今后患上房瘾症，要及时施以援手，以免后果恶化。

3.房瘾症说是“症”，其实不算是什么病，只要及时劝告自己就不会有太大的危险，反而会成为增长知识的乐趣。只是现在有此问题的人太多了，大家不要掉以轻心，即使真的得了，也要正确对待。

贷款久一些，不是欠债不还

我的同学苗苗贷款买了一套房，贷款期限是30年。当初背上这笔房贷的时候，思想比较保守的父母皱紧了眉头："日子可怎么过？一下子欠这么多钱，还要还30年，30年啊！女儿，你俩还完钱都是小老头、小老太太了！"

不过苗苗和老公很争气，贷款三年之后，老公被猎头公司挖走，年薪直逼30万。而苗苗做网络写手，出了几本书，小有名气。到了年底，俩人手里居然攒出了45万元。父母听了这个消息自然是为他们高兴，然后话锋一转："那就快把欠银行的钱还了吧！能还一大半了！"

苗苗和老公却不想还，依照他俩的意思，还想投资第二套房，面积不用太大，二手即可，交通便利，专门用来出租，还能够给未来的孩子落实学区。苗苗和老公说过规划之后，一向平和的父母居然拍起了桌子："你们小年轻都在想什么？欠了钱却不还！要是没有钱咱们就认了，现在有钱了，为啥不还？"

父母对苗苗和老公进行了全套的轰炸式教育，并给他俩扣上了大帽子，认为他们要么是品质不好，想要欠债不还；要么是不会过日子，想把钱放在手里挥霍；要么是贪多嚼不烂，这套债没还完就想买下套，债越欠越多，将来日子肯定会过不下去。

苗苗委屈得不行，因为上述三个大帽子根本不能客观反映她和老公的想法，他们是上进的、勤俭的、品质优秀的，怎么因为不提前还贷就被说成这样了呢？

那么问题就来了：贷款应该贷多久？提前还款值不值？

在我看来，这个问题并没有确定的答案，如果想要得到相对可靠的结论，要经过几个条件的筛选。

首先，手里有没有足够的钱？

如果手头没钱，那就别讨论这个问题了，能贷多久就贷多久，也不用争取提前还款了。如果手头有钱，那就进入第二个问题：

富余的钱如果不还款，你准备放在手里做什么？

这个问题值得我们细细考虑。如果放在手里准备多次出国旅游、买无数的奢侈品，那我建议在背着房贷的情况下还是早点还款吧。如果这笔钱并非想要放在手里挥霍，而是要进行投资，那么进入第三个问题：

投资的收益怎么样？

目前大家的投资主要有：一种是金融上的投资，比如股票、P2P、基金等，这些项目的收益确实不小，但风险也很大，不建议把原本能够提前还贷的钱全都投进去，应该把鸡蛋分在几个篮子里，这样得到的收益会冲淡长期还款银行多收的利息。

一种是房屋的投资，房屋的热门已经不用多说了，前几年几乎是买房就赚，但现在的情况有所改变，人口越来越集中流动，有些城市已经开始出现“空城”现象。所以，投资要关注自己所投房屋的地段，寻找一个热门地段来投资新的房子。投资前，一定要问清自己的需求：

这套房子是为了接父母来住吗？那就需要找个生活便利、离医疗设施方便的地段。

这套房子是为了出租收租金的吗？那就需要找到利于出租、装修已经基本完好的、易出租的楼层和地段。

这套房子买下只是为了静等着升值吗？那就要多考虑近期的城市规划以及学区问题，还要注意产权是否容易出手，才能找到真正升值的好房子。

还有一种是个人的投资。在竞争如此激烈的今天，越来越多的人选择为自己投资，自己强才是真的强。我非常支持这种观点，钱是会贬值的，而自己的知识是不会贬值的，如果手头多出的一笔钱可以给自己一个新层次的提升，比如去读一个含金量很高的MBA，那真的非常有意义。

无论是上述哪种投资，都比提前还款要合算得多。也许有人会说，贷款30年，到最后我给银行多还了好多利息啊！诚然，那是几万几万的人民币，但如果放在这30年的时间里来冲淡呢？如果加上通货膨胀的比率呢？如果再与你用这笔钱投资所带来的回报来比较呢？你会发现，在收入稳定、家庭稳定的情况下，贷款能贷多久就贷多久，才是一种明智的理财手段。好好利用手里的钱财，生财和生才，没有必要强行提前还款。

不过，这种"拖债不还，另谋他路"的方式也会带来一系列心理上的问题，比如总觉得自己身后欠了巨债，觉得生活压力大。我始终认为，适度的压力是带来动力的源泉，但如果心理压力太大，自己承受不住，那还是还款吧，健康比收益更重要。

另一个缺点就是家人的不理解，就像我的同学苗苗，在我写下此书的时候还在和父母纠结这个要不要提前还款的问题。在观念较为传统的父母心中，欠了钱就得快点还，不还钱可怎么过日子啊！这种想法是父母传统美德的一种体现，我们应该理解，但理财收益也是现代人生活途径的一种探索，也应该得到支持。希望苗苗以及所有像苗苗一样奋斗的儿女们，能够找到一条行之有效的沟通途径，让父母理解我们：

贷款很久，但我绝不是欠债不还，我只是想用今天，赚取一个更美好的明天。

小贴士

1.如何判断提前还款是否合适？只要找到年收益高于贷款利率的投资项目，就可以考虑投资而不是还款。

2.所有问题都不是绝对的，即使是投资项目收益高于贷款利息，还要参照贷款具体情况来决定。

买房是为了更好的生活，不是为了逼自己没法活

前段时间，同事小严把新房子卖掉了。闻此消息，我和我男友对视一眼，不由长叹。

关于小严的房子，似乎除了卖掉没有更好的解决方法，但卖掉之后留下来的心灵窟窿，却不是金钱能够弥补的。

小严和未婚妻家里条件一般，抱着对幸福生活的向往，加入轰轰烈烈的买房大军。南京的房价近几年猛涨，连偏僻地段及周边城市的房价都水涨船高，话不多说，此时不抢，更待何时？抢房当天，小严和未婚妻都看中了一间大平层，240多平方米，豪宅气势十足。夫妻二人相当喜悦，义无反顾地下单了。

240多平方米，每平方米1.5万元的单价，这套房合计下来的钱数就很可观了。这么大的数额自然要贷款，但首付怎么办？二人双双打电话向父母筹款，终于把房子勉强买了下来。

从此，悲催的生活就开始了。小严和未婚妻都是刚上班不久，手里积蓄不多，房子买后采取等额本金还款，头几年的还款数额巨大。房子面临装修，未装修前两个人还要租房，婚期也在眼前了，处处要用钱。小严两口子这才发了慌，日子怎么过？

买房后的一年，他们没钱装修，房子清汤挂面地空在那里；没法结婚，因为

父母手里的钱被掏得差不多，结婚的款已经挪不出来。二人的生活早就不像之前那么逍遥自在，每天睁开眼就是一大笔贷款。

眼睁睁地看着他俩瘦了，沧桑了，二人的感情也不像从前那么好了。

有时候小严会找我男友喝酒，喝醉了就往桌上一趴，说当初如果不买那么大的房子就好了，买个100平方米的，现在婚也结了，房也装好了，不需要在外面租房子了，小日子也过起来了。当初怎么就鬼迷心窍了呢?

我们除了帮着叹息，也没有别的法子。

直到今天，小严夫妻俩终于想通了，领了结婚证，然后把那栋大房子卖掉了，又开始了新一轮的寻房之路。这次他们的要求不高，只要够住就行，关键是要用买来的新房帮助他们回归生活的正轨。他们不能再让大房子和高昂的装修费拖垮正常的人生。

关于选大房这件事，小严两口子的做法并不能算错，毕竟买房是大事，谁不想住得好一些？但是，当一纸订单拍在自己面前的时候，再热的脑子也应冷静下来，好好想一想：我今天要买房，买房是为了什么？

买房，是为了更好的生活，不是为了逼得自己没法活。

这条底线不能突破，否则还不如不买房。

总结经验，我总结出以下几种买房引起“没法活”的常见情况，提供给大家参考。

一、过度贪求面积大

找一个楼盘，钻进去把大大小小的户型看一下，就会立即明白为什么大家都抵不住诱惑想要大户型了。通常来说，户型大一些，房子的格局就会好很多，小户型往往会挤在边缘或者朝向不好的地方。户型对房屋的整体效果甚至风水都有很大影响，所以许多人在买房的时候往往采用“咬牙神功”，就是一咬牙逼着自己买了大户型。殊不知，大户型所带来的不仅是多付几十万元房费，还有更多的装修费，比如多一个卫生间要多花多少钱，多一间屋要多花多少钱，这都是要考虑进去的费用。而且退一万步讲，太大的面积将来出租也有很大困难。

所以，只要根据自己的需求够住就行，万不可一味贪求大面积，若在买房时把钱一股脑花空，后续的装修、装饰就会步步维艰。

二、过度追求学区房

学区房，这三个字一听就让人牙根痒痒的，许多户型、楼层样样不行的房子，只因为占了好学区，就会飞也似的涨起价来。如果不买这里的房子，将来孩子想上好学校可就难了。这可怎么办？我认为最好的办法就是适度考虑学区房。我有个小姐妹，今年初刚买房，挑选的余地很多，却偏偏买了一处很不怎么样的房子。问她原因，就三个字——“学区房”！小姐妹说了：“将来孩子的教育不能输在起跑线上，为了这个学区房，多花点钱是应该的。”首先，我们要肯定她这种未雨绸缪预见性，但是姐姐啊，现在你连男友都没有，离孩子上学还有好几年，为了学区而挑选一个处处不如意的房子，又勒紧裤腰带花了那么大一笔钱，真的值得吗？学区房确实要考虑，但不能急求，如果恰好学区内有性价比高的，何乐而不为？如果房子不好，经济压力也大，孩子他爸在哪儿还遥遥无期，那么学区房的事儿还是缓缓比较好。

三、过度要求精装修

这是所有买了新房的人都容易犯的错误，包括我自己。买房之初，我那个处女座的男朋友已经进入半疯状态，开始寻找一流的设计公司和装修团队，四处欣赏高档进口的装修材料和家具，颇有要把我家装修成罗浮宫的想法。我这个人理性不强、感性过盛，也天天幻想着新家会变成什么样子，是哥特还是巴洛克、洛可可还是星巴克？哇哈哈哈……然后我爸妈一个电话打过来，把我俩的热度都浇灭了。精装过三次的老妈老爸，他俩的意见是：呵呵，只要环保，简单装装就行了，什么风格不风格，别多想了。

事实证明爸妈是英明神武的，我们采用了省钱的简单装修方法，给自己节省下了大量购买装饰、家具、家电的金钱。而身边一些同期装修的同事，不乏展开了动辄四五十万元的精装修，钱款处处难以筹措，资金时常周转不灵，最后装出来的效果也并不比简单装修好很多。因为，家，说到底是住的地方，不是展览馆。所以过度要求精装修，拼命吊顶，到处隔墙，一片精品马赛克之类的都没有必要，一旦将来卖房，这些东西都带不走，想想当初它们给自己造成的巨大经济负担，真没什么意思。

四、过度浪费时间与精力

2016年年末，我翻开自己年初的计划本，发现有一半的目标没有完成——主要是出游和生活目标。比如如何健身，去哪些地方旅游，自己动手做布贴画等都没有达成，究其原因：一是因为懒，二是几乎每个周末都放在装修上了，装修市场人挤人，砍起价来不要命，一跑就是一天，哪还有精力小资？

我问我男友："你说咱们这样，值吗？"

作为理工务实男，他说："值啊！你看咱们家装得多好，人见人夸，而且性价比高，住着舒服，怎么不值？"

但我觉得不值，对于一年的美好光阴来说，装修所牵涉的精力与时间还是比重太大了。如果能适当缩减，也许会更好。再纵观身边的装修大军，有人班也不能正常上，业余时间几乎没有，都盯在装修现场，我觉得更加不值。

说到底，还是那句土到不行的老话：买房是为了更好的生活。这道必过的坎我们不能回避，但也不需要对它过于投入，那样就真的会变成它的奴隶，最后在大房子里不开心，像《嘉莉妹妹》里描述的那样，在高档的扶手椅里叹息。

所以，在确定了买房的总目标之后，我们再再再次给买房确定一个总基调——为了更好地生活。同时，为了能够给大家节省时间精力和金钱，在下一章的内容将要分享装修的经验教训，讲讲"如何打好装修这场大战役"，知己知彼，方能百战不殆。

小贴士

1.买房前综合考虑成本，不仅要看购房款，还要考虑装修费。在此基础上正确估量自己hold住的面积，不要单纯以为挤挤钱包就能够承担多余的面积，每多一平方米，相应的装修费用就会增加，后期的物业费、取暖费等也会有所提升。

2.如果已经有将要上学的小孩，必须考虑学区问题；如果孩子还小，斟酌考虑学区问题；如果没有小孩甚至未婚，那么稍微考虑一下学区问题即可，毕竟学区房很贵，现在就强行承担很有压力，过几年再考虑可能会轻松一些。

3.重要的事情说三遍：买房是为了更好的生活。买房前如果真心觉得有了这套房压力太大，一点儿都不快乐，那么最好先不要买，不要成为房子的奴隶。

第二章

装修，一场大战役

装修，到底什么最重要

装修，最重要的是什么？

是大气？是风格？是美观？装修之前我也曾想过这个问题，后来脑子一团糨糊就放弃了。再后来，我身边很多人装修出现了各种各样的问题，失败的教训往往比成功的经验更有益于思考。于是，今天我想借用身边人装修失误的小例子来回答：装修最重要的是什么？

一、环保

我们都怕死，这是个前提。

小邓也怕，但装修的时候却把这个问题忽略了。由于购房之后手头资金紧张，而父母又一再嘱咐“装得气派点，家里亲戚看着也像那么回事”，所以在装修的时候，小夫妻俩本着一种“又好看又省钱”的想法来购买装修材料和家具。家具这种东西，有性价比高的，却没有性价比高得离谱的，那些漂亮的家具价格低就一定有问题。

问题就出在环保上。

小两口把房子装修一新，无论是谁进去看，都夸赞“真不错，豪华、漂亮、上档次”。然而把参观者喜气洋洋地送走之后，小两口却眉头紧了起来，因为参观者不知道，这屋子……有味儿。

老百姓说的有味儿，往往指的是甲醛超标。小邓买了各种试甲醛的仪器回来，无论好使不好使，都反映出房子甲醛超标。通风半年之后也无太大改善，白天开着窗也许感觉不到，但只要关上门，一个小时后房间里就会有浓浓的味道，尤其是主卧室家具多的地方，甚至有辣眼睛的感觉。

“那咱们，继续放放味儿，过段时间再住？”小邓媳妇提议道。

只能这样了，他俩只能继续租房子住，这时候同期一起装修的朋友已经住进新房了。也是钱不凑手的小两口，装修出来的效果没有小邓家好看，当初看到小邓家也是羡慕得两眼放光，但是人家因为上了全套合格的松木家具，虽然不高档，但现在已经没有味道了，甲醛也不超标。

无意中，小邓家损失了一大笔房租钱。

更大的问题还在后面呢，又放了三个月，房子还是没有起色，再租房子显然不行了，小邓一咬牙：“也许住进去就好了！”小两口就真的住进去了。

有些事情强撑是可以的，但有些事情不行。住进去几天，他们就觉得喉咙不舒服，小邓媳妇还觉得有些头疼，问题出在哪儿，他俩都清楚，只是新房子不住是不甘心的。又住了小半个月，小邓媳妇突然提出要搬了，她说：“你知道吗？这会得白血病的！”然后把报道朝小邓怀里一塞。

再省钱也不能拿健康开玩笑，小邓和媳妇只能再一次搬了出来，这心里那叫一个悔，那叫一个窝囊。这期间买了松木家具的同事已经住得很舒服了，还问他们怎么不搬家。小邓不好意思说出自己家的情况，只能笑着说：“等等，再等等。”

再等也没有用。有些家具和装修材料（尤其是碎木末压成的）胶含量很高，再加上厂家不合格，那味道几十年都散不出去的。

如今小邓已经准备卖房子了，当精装修卖，想把当年装修的钱赚回来，然而现在的购房者也精明得很，那种刺鼻的味道闻过之后，人家就提出不能付精装修的价格，因为“你这装修我肯定不能要的，不环保”。

所以，从小邓的故事里我们总结出一个血的教训：装修，一定要环保！

二、实用

房子是住的，不是看的，所以一定要实用。

这话谁都会说，但我们单位一楼的菲菲就不知道这个道理。

菲菲是个很文艺的姑娘，平时经常穿着棉麻的改良旗袍晃来晃去，引得我这等俗人向往非常。装修的时候，菲菲格外提出要中式的，而且一定要“风格突出”。

与设计师讨论过装修图的朋友们都知道，对于绝大多数设计师来说，中式风格突出的方法就是加雕花，简中式就少加雕花，纯中式就多加雕花，墙壁上有，隔断上有，推荐购买的灯具上也有。

效果图出来的时候，菲菲一声惊呼：好喜欢！

于是就这么办了。菲菲家的风格装修比我们顺利多了，因为基本上设计师完全领悟了她想要的精髓，所以只要照搬下来就可以。而菲菲按照设计师推荐的灯饰买了个遍，让设计师着实地吃了一大笔回扣。

装修好之后，菲菲邀请我们去她家里看，我们也作为回报邀请她来我家看。菲菲是个直人，看过我家房子之后她说：“还不错，但你家是美式吧？我觉得你们的风格不够明显。美式元素再突出一些就好了。”说得我一阵惭愧。

不过，入住一段时间之后，菲菲就换了声，有天到我们家喝茶，她突然站起来，有些激动地说：“你看！你家地板是不是没擦？”

“呃……今天是没擦。”我不好意思地说。

“你家地板没擦，一眼都看不出来，我是细细观察了才发现的。而我家那个地板，如果一天没擦，就跟一年没擦似的！”

然后菲菲就开始吐槽。据菲菲说，由于中式需要古朴沉稳的范儿，所以她选择了深色的油亮的实木地板，铺上那叫一个高档大气，但那种地板特别不“藏灰”，只要脏一点儿就迅速反光出来，显得特别脏。家里更需要打扫的并不是地板，而是那些无穷无尽的雕花，雕花的缝子非常难擦，但不擦又不行，否则谁来你家第一眼看到的就是那些漂亮雕花里面的灰，菲菲丢不起那个人。于是墙壁要擦，隔断要擦，木头灯具也要擦，菲菲现在喝茶的时间直线减少，一天到晚都在擦家具了。

“关键还有个问题，我家雕花墙不少，真好看，但是没有柜子啊，现在东西没有地方放，愁死了！早知道不要那个雕花大隔断了，花了我好多的钱，把它弄成大立柜，什么都有了！”

最后，菲菲用一句话总结了她的装修：不实用。

对，就是不实用，美丽的东西往往不实用，这是一个悲观却无可奈何的真理。我们毕竟是老百姓，生活里有太多烦琐的小细节，装修如果不实用绝对堵心。

所以从菲菲的故事里我们总结出一个普通却精准的道理：装修，一定要实用。

三、性价比

装修花多少钱才合适？这是一个问题。

每个人都有不同的答案，这很大程度取决于经济程度，亿万富翁装修花几百万元也是正常的。但我们这些工薪阶层应该花多少钱呢？

我们小区群里有个大姐，没见过面，只在QQ上聊天。人称“小猫姐”。这套房子是小猫姐人生中第一套新房，以前都住二手房，可装修的空间小，所以这新房一定要狠狠折腾一下。小猫姐装修的过程我们不了解，反正装修结束之后她掐指一算，花了47万元。

47万元啊！我们顿时觉得自己是个穷人。

不过很快小猫姐就在小区群里讲了一段话。通过这段话，可知小猫姐是个实诚人，还有可能是因为小区群里大家彼此都不认脸，所以更容易说真心话。

小猫姐说她的小姐妹住在隔壁小区，房子和她家差不多大，条件也差不了多少，人家装修才花了21万元。然后人家用30万元又付了一套首付的钱，在比较偏的地方投资了一套小二手房，现在租出去每月有个千来块钱的进项，更关键的是，那片地升值了。

小猫姐呢？她的钱投入到装修这种“有去无回”的事业中，套牢就无法再升值了，即使将来卖房子，当初装修的钱也无法完全合到房价里的。如果现在再买，那片房子已经升值不容易便宜买到，而且南京出台新的限购政策了，一切都时不我待。

小猫姐说："如果当初没准备那么多钱来装修就好了，投资更好。后悔了。"

要说后悔也不至于，谁也没法预料未来的事情。但从小猫姐的事例里，确实有值得我们思考的东西：装修不是一件性价比特别高的事情，装修到底花多少钱才合适呢？

在我看来，这要取决于个人资产，房子虽然升值但装修却不能升值，所以投入太多的资金是没有必要的。

小猫姐的事例给我们都提了一个醒：装修，一定要对性价比有个谱。

说完上述三个事例，不知道各位看官是否对装修什么最重要这个问题有了答案？其实，我们装修前关心的风格、美观、大气都不是那么重要，更重要的反而是上面提到的三个元素。生活虽然要留意"面子"，但自己应该更爱自己和家人，更关心"里子"的问题。希望大家在看完了我的这篇小推荐之后，能够寻找出自己装修最重要的元素，然后成功地装出自己心爱的家。

小贴士

1.装修到底什么最重要？这是个见仁见智的问题。在没有特殊需求的情况下，最重要的一般是环保、实用、性价比，按照这三点推进装修工作，通常不会出错。也许会有朋友纠结于自家装修的风格不突出、装饰不气派，实际上"家"就是"家"，不要把它当作宾馆，更不能当作宫殿，过于纠结美观和风格，往往会影响环保、实用和性价比这三大要素。

2.为了在"三大要素"与"美观"之间寻求一个平衡，建议打一个时间差，即在装修时留下足够的空间，以待进一步发挥。如墙壁上先保持空白（在确定不贴墙纸和硅藻泥的情况下），以待进一步装饰；家具可上可不上的位置，先不要急着采购。装修时心浮气躁，易作出错误决定，不如在保障"三大要素"的前提下，后续再考虑装饰问题，效果会更好。

做一个“占小便宜”的人

买房，只是掏钱的第一步。银行卡“嘀”一声刷出去，往往有种恍惚感，并不觉得特别心疼。真正令人心疼的是掏钱的第二步——装修。每一笔交易都要红票子唰唰地往外流，那种心疼感才真实呢！

所以，面对流水式的装修花销，一定要做一个“占小便宜”的人。这句话有两种含义：一是再小的便宜都是血汗钱，都要记得占；二是注意“占小便宜”的同时，绝不能忘掉原则上的“大便宜”。

接下来我们一步一步分析，先从如何“占小便宜”说起。

一、赠品你都要了吗？

买床品，送不送抱枕？

订橱柜，送不送锅？

订木门，送不送实木小板凳？

订空调，送不送立式电风扇？

当装修这场战役打响之时，你就要化身为一位富有联想力的人。每进一家建材公司，每签一张订单，都要能够第一时间联想起所有与其有关的赠品，打销售员一个措手不及。有些销售公司很大方，赠品就放在门口，前面配一排明晃晃的大金蛋，只要不瞎都不会错过赠品；但有些销售公司就没那么大方了，赠品一定要问了才有，还要多说一句：“这个……我要跟我们经理申请一下。”通常情况下，“申请”的结果就是必成，赠品就到手了。

也许你会问，要赠品干什么？那些小玩意儿有什么用？

千万不要这样想，装修过程里，就要做一个“占小便宜”的人。我家装修之初，我也没觉得赠品有什么大不了，可等到我们装修结束后，盘点了一下赠品：浴巾2条，被子2床，落地风扇2个，锅具3套，双立人刀具1套，红木椅子1把，贝壳工艺品一个，更有茶杯、青花瓷碗、抱枕无数。真真是大吃一惊。这些东西也不算少吧？

也许你会问：“送来的浴巾你敢用吗，质量肯定不行。”质量当然是不行，但放在地上当抹布也是又软又吸水吧？

也许你又会问：“送来的青花碗能用吗？土里土气的，放在家里显不出品位啊！”确实土气，但它们毕竟是碗，有时候家里碗筷奇缺又客人极多的时候，端出来也能解燃眉之急啊！

也许你还会问：“送来的风扇有什么用？明明买空调了，要风扇根本没用嘛。”风扇确实远不如空调的制冷效果，却比空调节能健康，有时候家里来了老人，还偏偏不肯用空调，只肯“临幸”风扇呢！

举了这么多小家子气的例子，就是为了苦口婆心地劝大家：一定不要忽略装修过程当中的赠品。装修这场战役里，要签无数的单子，如果每一单都能附赠一套赠品，积少成多也是一种财富。

更何况，这其中确实有不少可用的东西，比如那张红木小椅子，我和男友都争着坐；再比如那个贝壳工艺品，是我们找销售阿姨苦磨而来的，抱走它的时候销售阿姨的眼睛都要冒火了；再比如那套双立人刀具，特意找专柜验货，货真价实；再比如那些茶杯茶碗，家里客人太多一时腾不出高档茶杯的时候真可以救急。

不过，规律往往是这样的：越好的赠品，索要起来的难度就越大。那么，索要赠品的技巧何在？

首先，不能让对方把赠品的成本算在你的订单里。在未商定订单价格之前，除销售主动提出赠予的物品之外，绝口不提要新的赠品。因为太早提出赠品，销售员虽然同意了，却可能把这个成本直接加到你的订单里，羊毛出在羊身上。应该是直到价格已经谈得很满意了，再装出很为难的样子，“唉……这个价格其实我们也不太能接受，但是……”在这个犹豫徘徊的面具下，提出赠品的成功率就很高了。销售为了能够促使你快下订单，往往就会许诺向店长“申请”一个赠品。价格本来就很满意，又能得到赠品，快哉！

其次，只要一个赠品并不是我们的终极目的，我们的目的是多要几个！商家都有赠品预算的，但并不是所有人都会向商家讨赠品，所以预算一定有盈余。如果对方给了你一套，你可以表示这个赠品很喜欢，再要一个行不行？俗话说“好事成双”嘛。这时候态度不要太强硬，真心实意地问，销售也不会在乎那一套赠品，往往会多送一套。

最后，如果你所签约的商家没有准备赠品，那也没有关系，没有条件创造条件也要上嘛。你可以指出同类商家都有赠品的，为什么就不能给客户提供这个实惠呢？我们购买实木家具就是如此，对方并没有准备赠品，但我们一再列举隔壁店以及隔壁的隔壁店的赠品，说得神乎其神，销售姐姐不信都不行。理屈词穷的销售姐姐让我们活活地抱走了展示在家具上的“非卖品”。

装修每花一笔都是大钱，商家都会稳赚，所以多要一些赠品真的不需要心慈手软，如果你要赠品的套路深，往往还会得到商家的尊敬。比如我们买床的时候，只订一张床，并很专业地要走了商家一对全棉麻抱枕。在我们即将付款的时候又来了一个姑娘，她看中这家床几个月了，今天终于痛下决定，一口气订了两张床，对赠品却一字未提。她不提，商家自然也不提。少问了一句话，姑娘就少拿了两对抱枕。她付款离开之后，我听说男销售员对女销售员小声地说：“太草率，赠品都不问一句吗？”女销售员的评价更直接：“傻。”

于是，我暗自庆幸讨要了赠品，没有被冠以“傻”的恶名。不过转而又担心赠品是不是要少了？是不是还会被评价为“有点傻”啊？

唉，真是心累。

二、活动折扣多比几家了吗？

装修开始之后，你会无数次听到销售员说这样的话："我跟你说，你来的真是太巧了，我们今天正好有折扣，今年最低价！"起初我听到这样的话也非常惊喜，觉得自己平时多做好事、多扶老奶奶过街果然没有错，关键时刻人品居然这么好。但是，当这种话我听了一次一次又一次之后，反应慢半拍的脑袋终于想明白一个道理：哪有这么巧？他们是不是在骗我？

没错，一般来说，他们就是在骗你。

当你走进一家装修材料店或者家具店，除个别极高端品牌之外，没有不打折、不搞活动的。因为现在家装行业竞争太激烈了，大家多少都要在价钱上让一些，否则就好像没有诚意似的。但东西的成本价毕竟在那里，让太多了要赔本，怎么办？很简单啊，那就原价提一些，打折呗，然后见人就说："哇！你撞大运了，你看我们这个货多么多么高端、多么多么昂贵，今天居然恰好活动价哎！"听者大为感动，第一时间掏出钱包锁定折扣，上演了感人至深的一幕。

这么一讲，你还觉得"全年最大折扣"是真的吗？当然有真的，全年总有个最低价，而那个价钱真的会让你惊喜，以后不再出现。但如果盲目把所有的折扣都当作最低折扣，就上了人家的套了。

那么就有人问了："我怎么知道是不是全年最低折扣呢？如果这次是，而我错过了，下次贵了怎么办？我不得后悔死？"

这样的概率当然存在，但避免起来也很简单。如果想要购买某一品牌的商品，比如说某某牌瓷砖，算起来需要很大一笔钱，不能轻易下决定，那么不妨多留出一些时间来，多看几次他家的活动，但不急着下订单。每次探店的时候，都记住活动价格以及当时的活动明星产品（特价产品），等到最后下订单的时候，价格如果不如之前便宜，就向销售员报出之前的心动价格，要求以那个价格购买。由于之前的价格也是店里权衡过的，肯定不会赔本，所以即使强硬提出此类要求，销售员也会帮忙争取。这种方法需要细心、耐心和沟通力，这样一来，你就能够享受到真正的"最低折扣"了。

如果仅是这样，技术含量还不够高，更高的技术动作马上出场。商家促销一般有几个渠道，一是店铺里的活动，就是我们逛店时能够看到的。二是家博会、建材市场博览会上的活动，这样的活动上，各种品牌荟萃云集，店家为了击败对手，多争取客户，往往会放出比店铺里报价更低的价格。这就需要你搜集所在城市的相关信息，多参加一些相关活动，作出正确的判断。三是小区团购价。这种价格比较隐晦，如果是新小区，楼盘刚交房不久，就会有各种商家入驻，开启“小区团购”，希望新小区里大家一传十、十传百，都用这一家的商品，因为很有针对性，而且竞争也很强烈，所以小区团购价甚至比家博会都便宜，独家专享，不容错过。

如果是购买二手房装修，小区团购价就很难碰到了。那么溜达一下就近的新小区，或者向正在装修新小区房子的朋友们打听，也是获得信息渠道的好办法。

总体来说，家装过程里，每差一折，价格的差距是很大的。所以千万要多多比较折扣，这个“小便宜”不能不占。

三、价钱真是一砍再砍了吗？

砍价，这事让人头疼，却又不得不做。平时买菜的时候可以很大方地多甩几块钱，但是落实到家装这种重头花销上，不砍价真的是不明智。

我相信大家在装修时一定会自动开启“砍价模式”，但我想强调的是：价格定要一砍再砍。

什么叫“一砍再砍”呢？

一砍，就是砍单价，以订一套橱柜为例，柜体板的单价要砍一下吧？门板的价格要砍一下吧？台面的价格要砍一下吧？五金的价格要砍一下吧？一样不能落下，都要砍到。砍完的单价将会直接在订单里体现出来，立竿见影。

二砍，就是砍总价。当所有的组件价格砍完后，销售员会唰唰唰地给你算出一个总价，这时候一定要拿着总价再抹零头，从千位抹起，不成功就抹百位，再不成功就抹十位，打车钱至少抹得出来。据我的经验，一般至少能够抹百位。

不过话说回来，买的不如卖的精，无论你怎么砍，都无法让商家做赔本买卖。我们的目的不是逼人家没处吃饭，而是在商家赚取的利润和我们付出的代价之间做一个平衡。我们抱着“能省一个是一个”的心态，商家抱着“能赚一点是一点”的心态，就能够皆大欢喜。

所以两次砍价，先砍单价再砍总价，一个都不能少。看似都是“小便宜”，如果你事后用原价算一算，就会发现这个“小便宜”真令人惊喜！

说完了如何“占小便宜”，接下来就要讲讲怎么能够在占“小便宜”的同时，不抛弃原则性的“大便宜”。

一、小项目里有大乾坤

大多数人不是专业装修人士，对装修合同里的条条款款都搞不太清，有时候听销售讲讲觉得蛮不错，再加上给了“小便宜”，头脑一热就把合同签了。合同一签，我们的地位就从“上帝”这样的高度跌落下来，接下来可能会有林林总总的附加项目等着你掏钱呢！

以我一个同事为例，他家的地板和木门订的都是同一家，老板很大方地让了折扣，也送了喜欢的实木小椅子，零头皆抹，五金让利，看起来皆大欢喜。然而，当签约并上门测量之后，一系列的问题就来了。

首先是地板找平。大多数房子的地平都做不到完全水平，需要进一步做找平处理。铺复合地板对地面的找平要求非常高，而谁负责找平却是一个说不清的事儿。一般来说，可以找平的商家分别有：装修公司、地板商家以及自己找的施工队。当时，我的同事急忙去翻装修公司的合同，才发现当初根本没提这一条儿，装修公司回复说：“给你已经是最低价了，哪里还包含找平？如果你想找平也没有问题啦，我们可以找人给你做，价格另付就是了。”价格报出来吓了同事一跳，而且装修公司还表示：“你是要铺复合地板的，我们的工人找平之后，不能保证你预订的那家地板公司就很满意。如果他们不满意说还是铺不了地板，我们也没办法。”同事一听就很泄气，再去看地板商家。地板商家何其精明，一看就知道当年同事签约装修合同的时候没有把“找平”这个小项目包括进去，因此也“狮子大开口”了一把。为了能够顺利地铺上地板，同事只能勉强掏钱。

花钱的事儿还未结束咧。等到测量过门框之后，地板商家又来报价了：“你们家的门框我们量过了，超过了我们标准门的高度呀，只能做加高处理。”门当然要完全契合门框，否则留一条大缝子像什么话？但是再一看合同，加高的价格也未包括在合同里，又不能因为加高而放弃原先签订的合同，只能接受商家算出来的高额的加高费——这个价钱可是一点折扣都没有了。

说到底，同事注意了“小便宜”，却忽略了一个“大便宜”，那就是合同所含的项目是否完全。在合同里，要尽量把所有可能牵涉到的项目都说清楚，把所有可以商定的项目都确定下来，小项目里有大乾坤，忽略了这些项目，才是吃大亏呢！

二、砍的是价，不是质量

我买一片瓷砖，用了50元/平方米，你买的瓷砖用了500元/平方米。这能证明我买对了你买错了吗？

当然不能，因为大家都知道，一分价钱一分货。那么同样的，如果在交易过程中砍价，万一影响到质量怎么办？

这个问题就要想方设法避免了。首先，砍价之前要先看中货。举两例砍价方法。

第一种方法：

我：“这款枫木实木的五斗柜，我觉得还不错，多少钱？”

商家：“这款3000元。”

我：“太贵了，2500元吧。”

商家：“哎呀这可不行啊……算了算了，我帮你申请一下吧。”

商家向店主去申请那款实木五斗柜的价格了。

第二种方法：

我：“我想买款五斗柜，要多少钱？”

商家：“3000元，时尚大气又环保。”

我：“太贵了，2500元能不能买下来？”

商家："哎呀这可不行啊……算了算了，我帮你申请一下吧！"

然后商家转头就把一个原本折扣价就是2500元的衣柜推荐出来了，其实不用砍，它就是2500元。

通过上面的小例子，大家就很明白了吧？千万要指着货议价，而不能广义地议价。广义议价只会让价钱掉下来的同时，质量也掉下来了。

其次，为了能够砍价时不含糊质量，建议大家购买建材时选择正规品牌。品牌毕竟是一种保证，商家为了多年经营的信誉，不会因为你砍了几百几千的价格就给你做坏。如果是那些没有名气的、打一枪换一个地方的商家，就说不准了，砍价真的可能砍掉质量和安全。

三、小心套餐陷阱

现在卖什么都喜欢套餐。套餐的内容全面，能最大限度满足客户的需求，同时也能促使商家打包销售一些不那么热销的产品。对两方都有利，所以长盛不衰。

但你知道吗？套餐也是有陷阱的。

还是以我之前买木门和地板的同事为例，当初就是看中了套餐价，觉得实在划算，不能不买。可是购买后就发现，自己家的实际情况与套餐里诸多内容都不符合，比如刚才提到的木门加高问题，就让他多花了一大笔钱。还有更换五金件的问题，他家是欧式风格，而套餐里的门把手是现代简约风格，安装起来真的不搭，于是他就想换成同种价位的欧式风格门把手。然而——"对不起，只有套餐里这款可以享受这个优惠价，您所要更换的那款不可以。而且享受了套餐之后，真的不能再打折了。"两句话就让我同事又加了许多钱来换一个并不特别高档的欧式门把手。里外里算起来，并没有购买套餐前想象得那么合算。

这种例子比比皆是。在装修过程中，我们都倾向于选套餐，套餐通常情况下也确实合算。不过，在选购之前也要好好想明白：套餐里全部内容是不是适合你？如果有部分不适合，这部分内容更换时要付出的代价有多大？

套餐可以省钱，这是小便宜，但如果因为这个小便宜，而掉进了套餐陷阱，甚至装出了自己本不想要的风格，那才是失去了大便宜呢！

小贴士

1.装修要占“小便宜”，但占“小便宜”的前提，一定是不放弃“大便宜”。

2.占“小便宜”的几种渠道分别是：多比较折扣、分两次进行砍价、多讨要赠品。记住这三个步骤，你可以比别人多省许多钱。

3.无论是砍价还是索要赠品，一定要在看中货物之后。未看中货物之前不要贸然砍价，一是会引起商家反感，二是会缩水你看中商品的质量，推荐并不昂贵的商品给你。

4.购买装修套餐需要谨慎，不要被优惠的价格冲昏了头脑，一定要将套餐内容和自家实际情况再三比较，再做决定。

5.签约合同时，一定要全面浏览，能够想到的加费小项目尽量在合同内全部体现，以免后期大量出现补款情况。

别相信所谓的“单价”

为了讲清“单价”的道理，先举几个小例子。

事例一：

阿薇本着勤俭节约的朴素愿望，决定不买成套的实木家具，选择定制家具。定制家具自由发挥空间大，而且便宜，你看看那些板材，最贵的每平方米定价也远远少于实木家具。

阿薇转了整个红星美凯龙，最终敲定板材单价最便宜的一家。销售小姐一脸笑容，拍着胸脯向阿薇保证“便宜也有好货”。

阿薇问：“单价便宜，到时候做出来肯定会比实木家具便宜吧？”

“那还用问吗？我的姐姐啊。你想想看，实木家具核算起来要多少钱一平方米？我们才多少钱？肯定便宜！”

阿薇放下心来，开始敲定样式和其他配件，整个过程都是很快乐的，因为阿薇觉得自己是个省钱小能手。然而当订金交过，样式定好，设计师上门测量之后，销售小姐报出了一个总价。

2.2万元。

阿薇惊呆了。她一再确认这个数值是不是准确，每平方米板材是不是按照她预想的单价来计算，样样都没有错。但是这个总价，却与买一套普通实木的家具没有什么太大的差别。

怎么会这样？问题出在哪儿？

事例二：

小枫要做窗帘了。她扎进窗帘城，看到很多漂亮的成品窗帘，一片要500多元，一面窗子就要1000元，真是挺贵的。她舍不得，只能在成品窗帘这里取取经，最后还是决定扯布定制。

做窗帘的店真不少，小枫一家家地问下来："多少钱一米？"每家都报了不同的价格。小枫发现，有的家报的价格很虚，然后提出"可以谈"；但有的家报出来的布价就很实在了，几乎不用怎么谈。小枫决定选报价看起来"实在"的一家。

接待小枫的是个大妈，笑容可掬，她说："小姑娘，你真是有眼光。告诉你，整个窗帘城，这种布只有我卖得最便宜，不信你去问？谁敢用这个价钱一米来卖？"

小枫心里当然有数，她兴奋地挑花、挑制作方式，接下来就是上门测量，然后报价啦！

报出来的价格是这样：小枫家里3扇窗，总计价格是3500元。

小枫觉得不可思议，这不和成品窗帘差不多了吗？而那些成品窗帘是含漂亮的窗帘帷幔以及挂球的啊！小枫提出了质疑，而大妈也翻了脸："我可不会骗你啊，每米布都是按照你说的那个价钱算的，不信你看看！"

小枫翻开账目单，上面果然是按照她所谈的布匹单价计算的，但是其中还多了很多很多的其他附件。

怎么回事呢？问题出在哪儿？

事例三：

大铭一直相信，瓷砖这种东西一定得贴好的。但在质量好的基础上，能省一点是一点嘛。

大铭跑了好久，终于敲定了一家，这家的特点就是"实惠"。别人家的同款瓷砖是120元，但瓷砖大小是60cm×60cm的，这家瓷砖价格是130元，但瓷砖大小却是80cm×80cm。大铭是个理科生，这笔账会算：价格就差10元钱，当然是越大越合算啦！

店家也告诉大铭："你是聪明人，一眼就能看出实惠来。有些客人光看单价，觉得我们比别人贵十块，而且不讲价，转身就走了。但你很懂啊，我们瓷砖大啊，大出来的部分哪止十块钱啊！"

大铭也觉得自己特别聪明，在单纯比较单价的基础上，更上了一层楼，学会换算单位，这样才能买到实惠产品吧？

与此同时，大铭的同事也买瓷砖，他选择的是60cm×60cm的那款，房型差不多大。大铭心想：装完了之后，看到我的比你的总价低，你后悔去吧！

然而，当装修结束，比价的时候，大铭吃惊地发现，自己居然比同事的花费多！拿到账目单，一点问题都没有。理论上80cm×80cm的瓷砖大，应该更合算啊！

怎么会这样呢？问题到底出在哪儿？

上述三个事例，其实问题都出在一个地方：过分地相信单价，且只相信单价。

在我们选择装修材料的过程中，进店最容易问的就是单价。同样一个商品，报出较低单价的那个商家最有可能赢得客户，因此商家都在单价上做文章，争取把单价做得低一些。但是商家能不赚钱吗？当然不能，所以赚钱的方法都埋在层层沙里呢！

这是我淘尽百沙、学遍经验、听过无数血泪之后总结出来的经验：千万别相信所谓的"单价"，还要关注以下两大因素！

一、产品到底啥规格？

买产品不能只看单价，还要看规格。这一点，上述例子里的大铭似乎做得非常好，他知道将单价和规格结合起来进行比较，最后得出了80cm×80cm的瓷砖更合算的例子，但他为什么还是中招了？原因很简单，装修材料不是越大越好。

以瓷砖为例，80cm×80cm是很大一片，铺在地面上乍一看是不错，但要与地面相适应。比如大铭，他的瓷砖是用在洗手间里的，洗手间空间不大，而且放置了浴缸、马桶、台盆柜之后，所余下的完整空间地面就不多了。80cm×80cm的瓷砖无法进行整体的铺放，只能进行裁切。裁切的过程里，一是会造成大量的浪费，许多切下来的料实在没有合适的地方安，安装师傅是不会为你多费脑筋的；二是裁切的每一刀都会产生费用，对，你没看错，师傅每切一刀都是要钱的。相形之下，60cm×60cm的瓷砖表面上看起来贵了一点儿，却比80cm×80cm的更方便嵌入到被分割的空间中，少了许多浪费以及裁切费，当然便宜了。

这就是尺寸过大的反面例子。不过，尺寸过小的反面例子也不少。

我的同学，也是在做窗帘时吃的亏（窗帘制作环节里坑特别多，所以在后面章节的内容会细细讲说）。当时她挨家店问过去，比较单价，然后选定了特别便宜的一家。别家要80元一米，这家要50元，是不是太便宜？我同学一再确认，对方再三点头："你放心吧，就是50元！"

这还有什么不放心的，就做呗，做完之后窗帘的总价就吓人了。我同学不是省油的灯，非要老板说出个所以然来，老板非常轻易地就把"所以然"讲明白了："你怎么没问问我是定宽还是定高啊？我们家这个单价，不是定高，而是定宽啊！你家的窗帘都是落地的，至少要2.7米的长度，所以要3倍的价钱呢！"

这段话我不知道大家看懂没有，如果没懂没关系，翻到后面软装部分会细讲，这里不再赘述。我要讲明的道理就是：通过定宽、定高的转换，同样单价里，材料的规格小了很多，而窗帘这种东西，当然是规格越大越划算了。这也就不难明白为什么总价会很贵了。

说到底，总结一下就是：比单价的同时，不要忘记确认产品的规格。如果是裁切需要收费、浪费较多的材料，规格不是越大越好；如果是那种需要整幅使用的，就要小心商家降低价格的同时缩小了规格。

二、那些附件了不得！

说完了规格，还要说一个更可怕的元素：附件。

所有装修过房子的人，听到这个词估计都会吓一跳，包括我在内。写这段文字的时候我还在双手发抖，因为附件这个东西一旦介入到总价中，简直太可怕了。

以本文开头的阿薇举例，阿薇明明为了省钱选择了定制家具，为什么做出来却相当于实木家具的价格了呢？问题就出在附件里。当你定制一套家具的时候，不能只看板材的价格。大家都看得到这个价格，也都关心这个价格，所以店家会把它压得很低，让你觉得合算无比。实际上，最容易加价的是其他东西，比如五金件，没有它，整个家具就无法存在；比如柜门和把门，没有它们家具的整体效果和风格就出不来。它们的价格甚至会超过板材的价格，如果只关心板材却没关心它们，当然总价无法达到心理预期了。

再以本文小枫的例子来说，小枫定制窗帘却和高档成品窗帘一个价格，也是吃了附件的亏。成品窗帘的花费是一口价，啥都包括了，爱买不买。定制窗帘则是给出了一个漂亮的布匹单价，然后在各种小附件上加价。几乎做窗帘没还价的人最后都会发现：窗帘的附件钱，远远高于布料本身的钱。

看完上述三个事例，听完两个恐怖因素的分析，装修的时候，你还会相信所谓的“单价”吗？我们不求精明得不让商家赚钱，只求在选购商品的过程里，以实打实的价格来较量，不被无形的陷阱所伤害。这就是我们——装修者的心声啊！

小贴士

1.比单价是所有装修者的思维惯性，也是可取之处。进店之后先问单价，比进店先看花色要显得更加专业，依旧可以采用“单价开头法”。只是问过单价之后，一定要继续关心产品规格以及附件价格。在劳动力价格上升的今天，如果是需要安装的商品，还要附带着问一下安装费。

2.产品规格不是越大越好，要依产品的实际用途和自家装修情况而定。

3.附件是产生费用的重要环节。如果近期要采购需要附件很多的产品，比如橱柜、定制家具、窗帘等，最好事先了解相关情况，大致掌握都需要哪些重要附件，并提前询价，才能万无一失。

4.正文中提及了定制家具问题，在此补充一点。近年来定制家具由于因地制宜、节省空间、发挥个性等特点，很受消费者欢迎。但定制家具的“坑”很多，一定要多加小心，尤其是制作大面积的衣柜或衣帽间时，不仅要问清单价和附件价格，还要问清“计算方法”，即如何计算所需板材的数量。通常情况下，有“投影面积”和“展开面积”两种方法，这两种算法在不同的情况下有各自的优势，在此无法一一举例，但请多多注意，用错了计算方法，多算出来的钱也非常可观。

多做功课不会错

凡事预则立，不预则废。这是老祖宗告诉我们的道理，用在工作学习中有效，用在装修里也不会错。在装修这场战役里，一切都要多做准备。

那么，多做哪些准备？我总结出五点。

一、多看别人家

家，到底会装成什么样子？这是装修之初每个人都会问的问题。设计师给出了构图，你也在脑海里做出了构想，实际上装修后的成品却很不一样，这就是虚拟和实际的差距。所以在装修之初，最好多看看别人家。学人家的长处，也避免别人的短处，能够少走很多弯路。

以我们自己为例。起初我们看中了圣象的一款实木地板，订金已经交了，准备让店家备货了。在此期间，我们无数次脑补地板入家之后会是什么样子，越想越好看。正在我们美得冒泡的时候，得到了一个消息：男友同事家也用了那款地板，而且已经铺好了。

“要不要去看看咱们的地板有多美？”我问。

“要！”男友和我一拍即合。

然后我们就到了同事家里。一进门我俩就傻眼了，其实完全和我们想象中的不一样，颜色好像比店里要暗（色差，是地板业的普遍现象），花纹好像比店里乱（实木地板的花纹很令人烦心，店里展示的往往是花纹最好的那部分），更重要的是，流行元素手推纹的效果和我想象中大不一样，我觉得自己根本就不喜欢这个！

当着同事的面儿，我们当然不会讲地板不好，但是当天晚上回家我们就打电话给销售，要求延缓备货，不要那款实木了，我们要重新挑！

这就是“多看别人家”的好处。同样的货品，在店里和在家里，完全不是一个样子。

即使别人家没有与你购买相同的产品，多看看别人家，也会有其他方面的收益。比如户型有死角，自己又不知道如何处理，可以看看同户型邻居是怎样做的，交流交流往往就有灵感；比如没想整体用哪种色调的木材，去同楼层同采光的人家看看，也许就会有新的想法。

总而言之，在不打扰他人生活的情况下，多看看同在装修的家庭，绝对是“做功课”的好表现。而且据我了解，装修人彼此之间都是很友好的，也乐于让朋友们参观，这真是一件温馨的好事情。

二、多听别人话

听人劝，吃饱饭。多听别人的经验，好处我就不多说了。在这里要强调的是，多听别人话，一方面要听好话，一方面也要听坏话；一方面要听别人家装修的经验，一方面也要听别人对我们装修的意见。在我看来，最有价值的是以下两种话：

一是别人装修过房子之后留下的遗憾、缺陷甚至是悔恨、上当受骗，装修之路处处是坑，如果别人走过了那个坑，并好心地告诉了我们，我们不就可以有意识地绕过去了吗？那将节省多少时间和经验啊！

二是别人对我们装修的批评。自己的房子装修之初，不妨和有经验的、知心的朋友，或者友好的邻居谈谈自己的构想，所谓“当局者迷”，有些明明不合理的构想我们自己是发现不了的，但旁人一眼就会看穿，并提出“我觉得吧……那个想法挺好，但是实施起来可能有些问题”。也许会击碎我们的梦，也许会引起争执，也许对方说的压根不对，但这种碰撞绝对有好处。因此，装修期间，即使你是一个内向的人，也尽量与别人多沟通，多听别人怎么说，将每一句有益的话都应用到自己的装修“伟业”来。

三、多读相关书

我堂而皇之提出这个观点，不知是不是对自己写书的一种隐性推销？或者说已经是显性推荐了。毕竟书是人类进步的阶梯，尤其年轻人装修第一套房子，完全没有经验，像是一个从头学起的新学科，怎么能不多看书呢？

多看别人家，毕竟受客观条件限制，可能没有那么多装修好的房子给我们看；多听别人话，毕竟还怕别人不肯说实话，或者有些妒忌的人干脆说反话，需要一定的甄别能力。而书就不同了，它是客观存在的，敞开、无遮蔽的，内容都呈现在你面前，就等着你来翻阅，寻找其中对你有益的部分。因此，我推荐大家无论如何都要买一本相关的书籍来看。

那么买什么样的书比较有用呢？大致来说，有两类书不错。一是像本书一样，综合全面介绍买房装修的书，适用于对装修完全不懂，走出去感觉步步是坑，需要全面扫盲避雷的新手。这类书的优点是“干货多”，每一章都会发现有用的东西，可以短时间内全面提升自己的装修战斗力，缺点就是限于篇幅，所有的问题都无法讲得太深入，也不能就每个人家的装修过程进行针对性指导，需要你在学习之后，有选择性地应用自己的技巧。二是专门性比较强的书，比如我们装修期间购买的《木鉴》，就是因为我们对实木的性能不够了解，生怕花大钱买错货，所以才特意购买充电的。相应的还有如何合理利用空间、如何选购布艺、如何搭配颜色等各方面的书籍，这类书的优点是针对性很强，“哪里不会点哪里”，缺点是性价比略低，如果希望对装修有全方位的提高，需要买很多本书，读起来任务量大，购书款也是一笔不小的开销。

不过总的来说，多读书对了解装修一定没有坏处，相信“开卷有益”吧！

四、多看网上帖

如果说买书觉得负担很重，读书觉得任务量大，那么多看网上装修的帖子也是不错的做法。近年来，天涯、知乎等论坛上关于装修的帖子比比皆是，随便进一个论坛，搜索“装修”二字，都够看上半天的。看帖子成本低、进入快、娱乐性强，但上网搜装修帖也有很多缺点，比如帖子的水平鱼龙混杂，有些大咖说得特别有理，一帖胜读几本书；但有些人纯粹是不懂而上网胡说八道的，怕就怕说得还煞有介事，误导他人。所以装修应该多看网上帖，不能只看网上帖。

五、多搜小知识

如果你在装修前读了好几本书，看了朋友们的好几套房，听了别人许多好话、坏话，也读了不少论坛里的帖子，是不是知识储备就够了呢？是不是可以信心满满上战场了呢？

当然不是。在装修过程里，你会随时遇到新问题，需要随时动手去搜集相关知识，好在如今信息获取方面，掏出手机百度一下，很多东西就出来了——不管是不是百分百准确，至少大方向不错，对吧？

举一个发生在我身上的负面例子。有一天我和男友去买双人床，走了大半个商场，都没有看中的样式，万念俱灰之时，看中了一款布艺床头实木床，样样都不错，但唯一与其他家不同的是，其他家买床送或配的床垫以乳胶垫为主，这一家是棕垫。我一直很支持棕垫的，因为棕垫很硬，又是天然的，睡起来对身体很好，但对如何挑选棕垫这个问题，我和男友事先都没有查过，只是大致知道它还不错就是了。在购物心理的冲热之下，我们只是简单地翻了翻床垫，装出很内行的样子点点头，然后就下了订单。等到晚上回家后，我们才想起来：“不如搜搜棕垫的优缺点吧！”这一搜简直吓一跳，加硬棕垫里往往存在注胶问题，这是因为一部分客户追求“硬”的支持感，而棕垫本身是达不到那个硬度的，只能往床垫内注入大量的胶，以求加强。加胶有什么危险就不用讲了吧？我觉得当时脸都白了，男友比我淡定得多，他说第二天去那个店里看看，再掀开床垫实地检查一下。

此事的结局是，掀开棕垫真的有胶的痕迹。我们已经交了订金，再退订单损失了不少钱，为了健康与安全，只能忍痛接受这种损失，退掉了订单。后来我们还是选购了棕垫，但因为有了足够的经验和知识储备，终于选到了一款不加胶的好棕垫。

总结起来，如果我们买床之前早一天做做功课，查查床垫问题，这笔钱就可以不虚掷出去。甚至不说早一天，即使我们在购买床的同时随手百度一下，也能避免掉这个错误。

因此，还是那句话：在装修过程中，我们每个人都是新手，千万不能掉以轻心，也不能想当然，在整体推进装修前，要做一个全面功课；进展到某个步骤时，要有针对性地开展专题功课。多做功课不会错，多花的辛苦也不会白费，一切一切，都是为了我们的家嘛！

小贴士

1.装修前一定要多做功课，至少用两三天的业余时间，了解整个装修行当，再用一整天的时间走走装修市场，了解整体行情再下手。

2.做功课的方面有很多，本文列举了多看别人家、多听别人话、多读相关书、多搜网上帖、多查小知识这五个方面，建议大家五种方法都要用，“五管其下”最有效。此外，方法其实并不限于此，其他好方法需要大家结合自身实际情况慢慢开展。

3.关于多听别人话的问题，有些朋友会担心听不到实话。这种情况当然存在，因此不用逢人必说自己的装修，那样反而会混淆自己。在此提醒大家一点，在购买装修材料时，可以跟销售多说说自家的情况，比如跟装橱柜的人说说自家铺地板的事，比如跟铺地板的人说说自家上瓷砖的事。好的销售员浸淫装修行业已久，即使并非本行，也见了太多的实例，懂得很多我们不懂的道理。而且由于你要订购他家的产品，所以只要对方是比较和气的销售，一定会愿意与你交流的。但要注意，一定要错开行业来问，否则你听到的没有真话，只有行业攻击。

它们，比你想象得更便宜

装修前，我们都会大致估算一个费用，然后按照预算一步步采买。一些装修材料的费用远远高于我们的预算，而其中一些软装部分价格，却比想象中的更便宜。

一、家电

20世纪80年代，结婚讲究“三大件”，就是冰箱、彩电、洗衣机，可见电器在家庭中曾有的地位。如今，随着科技的发展，家电已经不再是那么贵重的物品了，不至于要全家人攒足了力气、勒紧了裤腰带来买，甚至，它们比想象中的还要便宜呢！

首先，买家电一定要锁定活动。还记得小时候爸妈带我去买空调，就那么几家商场，空调摆在店堂里奇货可居，一分价钱也不让。可是现在不同了，购买家电的渠道有很多，实体店有苏宁、五星、国美等，网购可以上淘宝、京东、天猫，总之家家都有卖，家家都要争客源，自然也就会放出折扣。既然家电是必需的，那么在装修之初就一定要规划好想买哪些东西、买什么价位、什么品牌，不必等到要安装的时候才买，而是应该什么时候有活动，什么时候有折扣，就什么时候买。

不过，如果还没开始硬装的时候家电就搞活动了，要不要买？那也没有必要。家电这种具备相当科技含量的产品，淘汰很快，也许今年买到的新货，明年就停产了。所以过早买家电是明智之举。

此外，买家电光有折扣还不行，还要讲价，讲完了价还得索要赠品。一般家电厂商会供货同品牌的小型家电作为赠品，拿到手里是非常实用的。

所以，购买家电一定要摒弃曾经的观念，不要以为它们都是非常昂贵的，只要挑准了自家适合的款式（不是越高科技、越多功能越好），定位了最合算的活动，适当的砍价，再带走点赠品。你会惊喜地发现：家电，已经不像想象中的那么昂贵了。

二、实木家具

说实木家具便宜，往往会招来白眼，认为有炫富嫌疑。其实，以前我也认为实木非常贵，逛家具城都不敢往实木店里扎，每件家具的价格标签都在晃着我的眼啊！但是后来，当我下定决心要买实木家具后，居然吃惊地发现：并不像我想象中的那么贵。

首先，实木家具要看是什么木。总有人把实木等同于红木，以为只要买实木家具，就会是那些极重、极密实，价格也极高的红木。其实不然，还有许许多多适合我们年轻人的经济实惠的木种，这其中比较好的有橡木，颜色中性，质地坚硬厚重，纹理直顺，非常百搭；榉木，曾经风靡一时，有漂亮的大花纹，木质既硬又重，还耐水浸；胡桃木，现在市场上占有率很高，可塑性强，还富有光泽；榆木，我最爱的木种，极硬极耐磨，花纹也很有特色；枫木，颜色漂亮，虽然有些软，但阳光下那种光灿灿的美丽可以弥补它颜色上的不足。此外还有水曲柳、柚木、樟木等，就不一一列举了。

如果上述的实木家具还是觉得贵了，那还有两大法宝——柏木和松木啊！现在市场上许多专门做柏木家具的店，柏木的颜色通常呈乳黄色，木纹和木结很明显，看上去特色鲜明，最重要的是柏木很便宜，问一件柏木家具的价格，保准让你心动。如果觉得柏木还是不中意，就那松木吧，我真的没见过比松木实木家具更便宜的了，非常清爽的颜色，有的甚至就不上漆，做成儿童房的床，或是俏皮的衣柜，都是很好看的。

之所以这样强推实木，第一是因为环保，毕竟比板式多了一层保障。第二因为实木家具结实耐用又不一定就比定制家具贵。我家两个卧室，一个上了实木家具，一个定制了板材家具，算起来价格并不相差太多。这是因为实木家具都是一口价，不会再有附加的费用，而定制的板材家具虽然板材便宜，但是算上五金等附件，真不一定合算。

此外，要想买到合适的实木家具，就不要太在意价格牌。除几个国际著名的家具品牌之外，普通的家具店价格都是虚的，比如标价12000元，实际上你张口问一下，可能只有6000元。价格只是放在那里，给无心要买的人看的，如果你真心要买，不妨大大方方地问，销售一般都会把实价报出来。

此外，购买样品家具也是一个省钱的好方法。有时家具店因为搬迁、装修、换样品等原因，会放出一批样品家具清仓，逛逛家具城，这种情况绝不算少。样品家具连折扣都不算，完全是一口惊爆价。千万不要以为样品不好，家具不是花朵，并非摸摸就坏了，样品家具一般做工都很精细——毕竟是给人看的嘛，而且摆放时间久，甲醛都释放得差不多了，环保放心指数也高。更重要的是，样品家具可以直接看到现货，免去了工厂出货可能出现的瑕疵、色差以及不和谐木纹等一系列情况。所以如果看中的实木家具恰好有样品款，不妨拿下吧！不过，即使很惊喜，也要记得再讲一次价。

三、窗帘

最后，要说重头戏了。

之所以把窗帘当中重头戏，并非因为它重要，而是因为它的价格空间最大。绝大多数人买窗帘都被占了大便宜，所以，在此我们要好好讨论一下：窗帘怎么能省钱?

以我自己为例，同小区、同面积、同类型布料，同种工艺，同一家店做的窗帘，我家的窗帘制作费是邻居的四分之一。邻居知道此事之后大悔，但已经没有办法。我真不好意思告诉她，当时我已经尽力把窗帘价格杀到最低。订单签约第二天，窗帘店的老板甚至打电话来说不想做了，说发现没有利润，是我们逼着她强行做完的。现在窗帘店的老板看到我，还没有好脸色呢!

那么，价格是怎么砍下来的呢？分三个关键要素走。

1.询问单价。单价可不是指布料的单价，布料的单价其实是相对透明的，如果有某个店家报价格外虚高而且不肯讲价，那么走开就可以了。窗帘的布料大同小异，一般不存在“一枝独秀”的情况。绝大多数店家都会出一个高高的价格，看看你的脸色，觉得你不能接受，然后再亲切地补一句“价格可以谈嘛”。那么就可以谈了。

谈什么？除了布的单价，最重要的是附件的单件。做一个窗帘，必需的附件有几种：布带、轨道或者窗帘杆、窗纱、挂钩或者金属环。其中布带和窗纱都是纺织品，店家会给你推荐几种价位的，然后推荐你拿中档货。怎么样？很实在吧？人家都没有推荐你拿最贵的。但是我想说，连中档的那个也没必要拿，直接拿最低档的就行了。窗纱和布带的质量绝没有价格上表现得那么大差异。我有个做过窗帘生意的朋友甚至告诉我，有时候他们就是同样的价格拿到了货，然后随便分成三个档次的价格来出售的。这种情况下，当然是拿越便宜的越合算喽。不过店家不会让你轻易拿到便宜货的，他会告诉你“哎呀，那个质量差一点儿，一洗可能就会碎”。这话不必在意，甚至应该回复店家一句：“窗帘又不是纸，如果一洗就碎，那是质量问题，我们是要售后的！”

除了布带和窗纱，罗马杆和轨道也建议大家拿便宜款，除非对款式有什么需要，否则没有必要多加那份钱。不要以为几十块钱一米很便宜，要知道，每扇窗子（如果加窗纱）是需要双份轨道的，这样算下来，花费也不小。如果店家告诉你“那可能承受不住窗帘哎”，你依旧可以大方地告诉他：“如果窗帘挂着挂着，杆子就掉下来了，那不是质量问题吗？我要售后的！”

好，这三个问题解决之后，还有挂钩和金属环的问题。金属环和挂钩到底需要哪一个，取决于你窗帘的制法，这里无法细讲。我想说的是，这两样东西都是成本极低的，低到基本可以忽略不计。如果店家向你要几元钱一个且不还价，那么直接走人吧，因为这个“几元钱”会大大增加你最后的总成本。挂钩和金属环是窗帘成品里消耗最大的附件，动辄要几百个，每个差五元钱就要上千元了啊！

2.少加装饰。如果你第一步进展得很不错，砍价砍到店家无话可说，那么接下来店家会使出另外一个大招——装饰物。一个漂亮的窗帘怎么能没有装饰物呢？比如漂亮的挂球、系窗帘的绑带，都可以大大提高窗帘的效果啊，许多爱美的姑娘就是在这一关倒下的。但我想告诉大家，完全没有必要，不需要加钱在窗帘店做一些漂亮的流苏挂球，也不需要在窗帘店里购买那种闪闪发亮的窗帘绑带，那全都是浮云啊！如果真的喜欢，去网购或者大市场随便逛一逛，价格是窗帘店的三分之一左右。万不可在窗帘店里头脑发热啊！

如果装饰物也不加，店家就会推荐你加铅坠了。没错，这是个神奇的物品，你平时可能没有关注过它，它就藏在窗帘的每条边里。你随意拉起店面里的展示窗帘，都会摸到边缘有一条粗粗的绳子缝在里面，那就是铅坠。铅坠是按米算钱的，十元到几十元不等，作用就是可以让窗帘看起来更有垂度。用十几元换垂度是不是很值？不，不值。首先，最后它的总价格绝不止几十元，每幅窗帘有两条边需要加坠，如果是落地大窗帘的话，想想看，对开一幅有多少米？如果是好几扇窗呢？而且，铅坠的功能真的如此之大吗？如果不加它，是不是窗帘就会像店家说的那样“风一吹就飘起来了，不好看”呢？

当然不会。如果你喜欢沉稳的窗帘，那么你进店选面料的时候，肯定就会选择厚实下垂的布料，这样的面料制作完成后自动就会下垂；如果你进店选择的是轻飘飘很仙的面料，那说明你喜欢的就是那种风格啊，为什么要用铅坠压下来呢？

不过，绝大多数人心里都没有底儿，会把店里的展示窗帘摸个遍，寻找一点安慰。可惜的是，店里所有的窗帘都是加了铅坠的，让人越摸越不踏实。为什么店里不做一些没有铅坠的窗帘？很简单，店家怕被你发现，同样的面料下，加了铅坠和没加铅坠，郊果真的差不了太多啊！

3.加工费和脚料去向。如果上述两个步骤你都顺利完成，而且店家还没有把你从店里赶出去的话，那么就开始最后一个步骤吧。首先要问清加工费，如果完全不收自然最好，如果收取一点儿，考虑到前面砍价太狠，那就接受吧。之后就要问清脚料的情况了。布裁了那么多，余下的布哪儿去了？一定要跟店家说清楚。通常情况下，每幅窗帘店家都会免费给你做绑带的，如果店家不肯做，一定要争取。余下的面料，一定要自己拿回来——对，拿回来，你不知道什么时候就有用，更重要的是可以通过这个步骤告诉店家，你对每幅布尺寸是关心的，请不要在算面积的时候糊弄你。

好了，当这些都顺利完成的时候，请看下你的订单和店家的脸色，你会觉得……嗯，很有成就感。

小贴士

1.本篇列举了三类可能比想象中便宜的家装元素，实际上可以省钱的不只是这三料，还需要大家在装修过程当中，向有经验的人多多了解。

2.多的不说了。总之一句话：砍价要有限度，不要伤了和气。

储物，小空间也要有大智慧

你会不会遇到这样的问题？倾注巨大心力装修一新的爱家，怎么看都觉得不够美。

餐厅明明摆了高脚杯和瓶花，为什么看起来总是不够脱俗？

客厅明明用了全套的品牌家具，为什么摆出来的效果就是不太大气？

玄关明明用了高档的罗马式把手，为什么一脱完鞋子就丝毫美感也无？

如果遇到这类问题，不要担心自己的选择，也不要一味地增加光源和装饰品。因为“不够美”的原因可能是：家中的杂物太多，收纳不合理。

在装修前，我们会试看许多样板间，无论是开发商提供的还是家具店提供的，个个都富丽堂皇，让我们心向往之，但千万不要忽略一个重要的问题：样板间、家具店里几乎是没有杂物的，茶几上、餐桌上摆的只有装饰品和价签而已，如果你的家也能够这样摆，分分钟也会好看起来。

我在租房期间就领悟到了这个“真谛”，其时我租了一间精装套房，入住之后虽然样样顺手，但总觉得房子起初给我们的那种大气高档温馨的感觉完全出不来，于是后悔自己贸然付出了那么高的房租。可是后来，当租期已到，我搬空整个房间之后，大吃一惊：天啊，这房子好好看啊！

看来，不是房子不好，而是以前太乱了！

我说的乱不是垃圾满地的状态，而是正常的生活状态，比如茶几上无论如何都有一些零食和各种遥控器吧？比如餐桌上总是常年放着热水壶和各式各样的茶杯吧？比如卧室的衣架上总是吊着各色的外套和衬衫吧？这些都会严重影响到整个房间的装修效果。

杂物收纳不到位，再好的装修效果也出不来。既然如此，我们从装修阶段开始，应对收纳应该采取什么样的措施呢？

一、储物空间能多大，就多大

装修初步就要对储物空间做一个简单的规划，定下来哪里打吊柜，哪里打地柜，哪里买成品柜。如果没有在装修前想好这一步，那你就先蹲到墙角思过吧，因为未来的生活一定会因为没有各种各样的柜子而变得寸步难行。

通常情况下，柜子打多了肯定会影响整体的装修效果，一是柜子会占有原有的空间，排排柜子打下去，好好的大房间可能去掉了三分之一，看起来再也不那么大气；二是柜子上做装饰的方法有限，虽然可以磨压个花纹或者雕个小花之类，但始终不如一个原始空间那么宜于装饰。正因如此，装修时设计师为了效果图以及出工后的美观，设计的柜子往往都不多，明明可以打柜子的地方，可能会给你设计出一面漂亮的背景墙。这种东西做出来的成本不比打柜子便宜，当时看着是漂亮了，可入住之后实用性很低，而且再漂亮的一面墙，你看久了也会觉得就那么回事，那时候后悔没打柜子，难道找设计师去哭诉吗？

所以，以我及身边朋友、同事们的经验来看，装修时，储物空间能多大就多大，一言不合就打柜子，将来肯定用得着。由于设计师不会过多给你设计柜子，所以自己要多长心眼，多留出放柜子的余地来。在此还要再提示一下：由于柜子会占住墙壁，而电源插头是要从墙壁探出来的，所以在增加柜子的同时一定要留出足够的电源接口，万不可一个房间全是柜子，却没有地方插电源。

此外，除打柜子的方法外，在同等面积的情况下，增加储物面积的方式有很多：

1.尽量选用衣帽间。大部分家庭选择用大衣柜存放衣物，但在卧室面积允许的情况下，置一个衣帽间将会大大提升收衣的效率，还可以存放被褥。生活起来，这些床上用品会越来越多。

2.强调边角利用。房子都是我们辛苦买下来的，每一寸面积都分外宝贵，一味用大片大片的空间去打柜子，肯定会心疼。那么就要多用边角空间了，比如角落、比如阁楼的斜坡，这些地方可能放不了什么大东西，也不会对家装的整体美观起到显著作用，那么与其闲在那里或是硬做装饰，不如就地储物吧。还有床下，也是一个很好的收纳空间，不过由于风水原因，床下是否能收物的问题见仁见智，所以这个可以自行选择。总之，能利用起来的小空间，千万不放过就对了。

3.多设隐藏区域。都用柜子收纳有些太单调了吧？所以多设一些隐藏的收纳区域也是一个好办法。比如说收纳凳，平时可以一屁股坐下去，里面还可以放不少东西，就是一个很好的选择。当然这是比较简单的，现在很多家具的设计都自带隐藏区域可供收纳了，比如那种立在墙壁上的沙发床，平时是一面软包墙，可以起到装饰作用，如果翻下来就可以直接当床睡，美哉。装修时如果储物空间实在不够多，就要多在隐藏区域上打主意，多问设计师，多跑家具店，尤其是那种定制家具店，有很多隐藏收纳的范例可供选择。

二、储物方法能多巧，就多巧

装修时，即使抱着最大限度的目标来设计储物空间，但如果收纳方法不对，还是事倍功半。我有个同事，打了一个大大的衣帽间，一拉开门扇真是气魄非常，但她的衣服还是东一件西一件散落在各个角落。我问她为什么，她叹口气说："没有那么大地方，根本收不进去啊，总不能再打一个衣帽间吧？"我那天恰好刚吃完饭有点撑，就不服气，不相信她的衣服收不进那个大大的衣帽间里。我们把衣服都搬了出来然后重新收纳进去，你猜怎么样？不仅把外面的衣服都收进去了，还加上了一部分鞋子，然后还形成了一部分空格。

这说明什么？说明物质基础有了，方法也很重要。我不是什么收纳高手，都可以做到立竿见影，高手如何就可想而知了。现在不仅书店里有相关收纳教材，网上收纳热帖也很多，所以我们快点学起来吧！

1.最大限度利用现有空间。装修时打了许多柜子，但一放东西就满了，根本不够用，怎么办？其实这往往并不是因为柜子不够大，而是柜中的格板设计不合理。举个例子来说，一个高半米的柜子，面积是0.3平方米，所以只能放0.3平方米的东西，甚至放不到（物品不是规则形状而且开关门需要一定的空间），但如果收纳的物品不是很高，那么在半米高的柜子中间加一个隔板，就可以收纳近乎两个0.3平方米的物品了，对不对？这个问题大家打开自家的柜子分分钟就可以体会到。所以在装修设计时，给大件物品留下足够空间后，柜子能加隔板的地方尽量加隔板，可以有效增加使用面积。如果装修时忽略了这一点也没关系，可以DIY，宜家就可以满足基本的需求。

2.缩小收纳物尺寸。即使是最大限度地利用现在储物空间，有些大件物品还是一塞就满。这些大件物品如果是硬的就没办法了，如果是软的呢？是不是一下就想到被子了？冬被、春秋被、夏被，这都是收纳的大件儿，随便塞一个大棉被进去什么柜子也吃不消，所以我们要适当地缩小它的尺寸。一种方法是抽真空，把棉被抽成直空后，只有薄薄的一片，我第一次抽好大厚纤维被的时候，真是惊到了。此种收纳被子的神器，千万不可错过。另一种方法就是好好折叠——对的，你没有看错，就是好好折叠。同样的衣物，如果你团成一团丢进柜子，与好好折叠码进柜子相比，所占用的空间相差很大。所以与其抱怨自家储物空间不够，不如多花一些时间好好折叠衣服，折衣服无能者可以购买专门帮助折衣服的板子，某宝就有售。

3.隐藏好于显露。我有个朋友家打了不少柜子，收纳方面也足够有经验，但是一进家门还是感觉整个环境乱不可言，原因很简单：所有的柜子都是无门或者玻璃门的，收进去的东西一目了然，当然会造成视觉效果上的混乱。一般来说，推荐“隐藏好于显露”，收纳空间最好是不透明的，这样才能在收纳后形成整齐的效果。玻璃门什么的既贵又不好打理，小面积使用是可以的，如果大面积使用，每年擦玻璃也会是巨大的负担。此外，在墙壁上钉隔板那种收纳方法也不推荐，如果是钉了隔板准备放一些绿植和相框还是可以的，美观大方成本又低，但如果是收纳，由于隔板两侧是空的，所以放不了什么东西，实用性不强。装修时如果设计师大量设计这种收纳空间，建议更换掉。

4.物品一定要分区。本章说到底是讲装修，所以收纳方法一定要与装修的环节对应起来，比如“物品一定要分区”就是这个意思，收纳时不能把衣服和调料放在一起，不能把茶叶和鞋子放在一起，不能把书和锅碗瓢盆放在一起，这些道理大家都懂的。要想做到这点，装修时下的功夫就不能少，一定要在家庭生活的每个区域都设置储物空间，才能在未来收纳中达到分区的目的。比如我以前曾见过一间房子，柜子打了不少，但是洗手间一点储物空间也没有，如果你想洗个头，要先去客厅的柜子里拿洗发水、护发素，洗完之后再滴着水送回去，而洗发水、护发素只能和许多食物堆在一起，实在是……不形容了。所以在设计储物空间之初，就要想好哪些地方需要设置足够的空间，本着就近、就方便的原则来操作。

三、废旧用品能不留，就不留

最大限度地准备储物空间，也最大限度地利用储物空间，但如果还是收纳不下怎么办？只能说：你的生活可能并不需要那么多东西，能丢的东西都丢一丢吧！

每个人都有保留旧东西的习惯，这没什么不好，如果家里空间实在充足，那把东西放长毛也没有人管。比如我妈，仗着家里有三个储物室，连我小学一年级的课本都留着呢。但现在的问题是，在房价高涨的今天我们实在不能为旧东西留下太多的空间，我们的空间要留待未来的发展（比如设置读书角、为小孩放床等），不能用来过分怀旧。所以旧物能不留就不留吧。丢弃物品的时候当然会心疼，尤其是女同胞们，翻出陈年的旧衣服，本来已经好久不穿的，可要丢的时候突然又会套在身上试一试，然后告诉自己“说不定今年就能穿呢”，再次塞进衣柜。为了避免这类心疼、肉疼的情况出现，在购物时就要掐住来源，没有必要的东西就少买，不要给家里的储物增加太多的负担。

以上是关于收纳的几点小建议，虽然我本人家里正乱作一团，但依旧对收纳充满信心。希望每一个人都能在自己小小的蜗居里住出豪宅的感觉，一切杂物都不外露，整洁又温馨！

小贴士

1.虽然倡导多增加储物空间，但切记：柜子多，甲醛也多。所以家里大面积的柜子一定要选择环保材料，环保比美观更重要。

2.有些家庭为了不过多占用空间，会选择打吊柜，但切记吊柜不能太多，一是存取物不方便，二是会造成压低的感觉，降低居家幸福感。

3.增加储物空间时，不能一味求多，切记不能形成卫生死角。

来场家装大比拼

讲了这么多装修技巧，我们接下来进行一场大比拼，把大家容易纠结和选错的一些部件放在一起比一比。萝卜青菜各有所爱，来找找自己最心仪的那一款吧！

一、地板or地砖

到底选地砖还是选地板？请注意，这个问题很重要，地面将会对整体风格和未来舒适度起到至关重要的作用。目前来看，两款选择者都很多，选择之后后悔不迭的人也很多，说到底还是没有深入分析二者的优缺点，没能针对自己的需求找到更合适的产品。

那么，地板和地砖都有什么特点呢？

1.优点大比拼：地板的优点是显而易见的。一是舒适感。可能会有人问，都是硬邦邦的东西，哪有什么舒服感可言啊？其实真的有，不信你就光着脚踩一下试试，不仅二者在温度上有巨大差异，在脚感上的差距也非常大。地板在“硬”之外会呈现一种弹性，走每一步都非常舒服，这是地砖所不能比拟的。此外，如果家里有小孩的话，免不了会在地上爬，地板的温度适中，舒服度对小朋友而言会比地砖好上太多倍。二是自然的美观性。地砖虽然也很美，但整体来说认为木地板美的人占多数，这是因为地板的美是亲近自然的，更容易受到欢迎。三是隐私性。举个例子来说，如果你穿了一双外鞋，面前有两个房间，一间铺着木地板，一间铺着地砖，你会踩进哪间屋？大多数人（除了有特殊破坏欲），都会选择踩地砖，因为地砖的隐私性差，穿着外鞋踩进去不会有罪恶感，而地板天然有隐私感，能够将家与外界环境分割开来。

地砖的优点也是非常突出的。一是容易清理和保养。再好的地板也有接缝，不可避免地藏污纳垢，但地砖相对就更容易打理，缝隙也可以通过“美缝”这一程序填满。在保养方面，地板过段时间就需要打蜡，否则很难长期保持光泽，但地砖只要用清水拖拖就会亮洁如新，是懒人必备。二是耐久度。地砖的使用寿命很长，防火、防水、防腐性能都很好，装修好的地面，地砖使用时间将是地板的多倍。三是变化性的美观。近年来地砖的美观性也大变样，可以用各色的砖拼出不同的花样，如果结合大理石的话，更是变化多端，走上了与地板不同风格的美丽之路。

2.缺点大比拼：有经验的装修者都知道，选购家装用品，优点不是最重要的，缺点才是迫使你做决定的最后一根稻草。地板的缺点有两条，清洁保养费事以及价格较同档次的地砖要贵一些。地砖的缺点有三条，舒适性和隔热性差以及铺装更费事。

选购的时候我们要先看缺点，如果缺点我们能够接受，再去考虑对象的优点。虽然选择上各有所爱，但我个人的意见还是比较偏向于地板。如果真的很喜欢地砖或是预算上不允许，可以采取客厅地砖、卧室地板相结合的方式，这种方式近年来很流行，铺装效果也非常好。

二、墙纸、乳胶漆or硅藻泥

好多人都会在这个问题上纠结到底，最后一错万年。不是因为大家缺乏判断力，而是这个行当的水太深，不呛几口都不可能。

其中墙纸和乳胶漆是我们非常熟悉的，比较陌生和好奇的是硅藻泥，在这里简单解释一下，硅藻泥是一种以硅藻土为主要原材料的装饰材料，有很好的装饰性，是可以替代壁纸和乳胶漆的新一代室内装饰材料。硅藻泥的主打牌是“环保”，据说它具有消除甲醛、净化空气、调节湿度、释放负氧离子、防火阻燃、墙面自洁、杀菌除臭等功能。但是，请注意“但是”，这些功能目前还是存在一定争议的。

既然已经了解了上述三种材料，我们就开始选择吧！这一次我们不能再用简单的优缺点方法来比较了，那会越比越乱，最好是采用“我想要什么，你能给什么”的思路来选择。

那么，我们最想要什么呢？

1.耐久度。很抱歉没有把美观放在第一位，因为在我看来，再美的东西看久了也不那么美了，所以相对来说耐久度更重要。正常情况下，三者耐久度的排序是：墙纸＜乳胶漆＜硅藻泥。墙纸在潮湿地区使用2~3年就会出现长霉，即使在干燥地区，也很容易翘边，尤其是在贴纸师傅手艺不好的情况下，耐久度会进一步降低。乳胶漆的使用寿命一般都可以达到3~5年，时间再长会有黄变，当然这个时效的前提是做好了防水工作。硅藻泥的耐久度相对呈现优势，在干燥的地区，硅藻泥的墙面可以直接喷水保持湿度，不易开裂；而在潮湿地区墙面虽然有吸水性，但也不易长霉。

2.美观性。美观性往往会主宰一大批人的选择，这也是人之常情嘛，谁装修的时候不幻想有一个美丽的家呢？在美观性方面，由于各人审美差异，很难对三种因素做大小排比，但通常来说是壁纸最好看、变化性最强；硅藻泥次之；乳胶漆是最普通常见的。不过，像我本人就觉得乳胶漆更简单好看。

3.环保性。也许会有细心的读者问，你总爱强调环保，为什么把环保性排在最后一条呢？原因是这样的，三者的环保性我无法进行客观的比较。就墙纸和乳胶漆来说，都不怎么环保，乳胶漆会含甲醛和VOC，具体的表现就是会有味道；壁纸的不环保因素主要集中在壁纸的胶水上，这完全无法避免，如果选用了特别便宜的壁纸，那么纸的本身也会有问题。相对来说，硅藻泥似乎是一个“小公举”，因为它所标榜的就是环保，是可以养鱼的好材料。但是请注意：我并不否认这种环保，但这种环保目前还存在争议。有争议的问题就需要我们理性来看待。

总体来说，乳胶漆便宜、最常见；壁纸漂亮奢华，价格方面，则因档次和环保性而有巨大差异；硅藻泥是新兴材料，个性、好看，相对环保耐用，但是价格比同档次的材料要昂贵。想用哪一款，大家只能自己根据需求选择啦！

最后悄悄说一句，全屋贴墙纸的做法，一般二次装修的人都不会选择，反映了什么问题，大家自己想吧！

三、布艺、木质or真皮沙发

沙发是家具的重要构成部分，到底应该选择布艺、木质还是真皮？这真是个伤脑筋的事儿。实际上，这一条比拼与前两条不同，尽管三者之间各有优缺点，但选择时秉承的大原则还应该是一个词：喜好。

没错，在选择何种主材沙发的问题上，你喜欢什么就选什么，这才是最重要的。

比如木质沙发，就算有一百个优点，现在的不少年轻人就是不喜欢，再好也白搭。再比如对于追求品质的中年人来说，布艺家具再怎么小清新，他们对皮质床、椅及沙发的钟爱也是难以改变的。因此总体来说，简单进行优缺点比较之前，先问问自己，到底喜欢哪一种？

如果说三种都可以接受，那么接下来再理性地对待三种材质的长短。布艺沙发的优点在于价格优惠、可更换性强、样式多种式样、易于拆洗，总体上适合喜欢变化的年轻人。真皮沙发价格较高同时档次也高，经久耐用，舒适性强，近年来样式也有了更新。至于木质沙发，舒适性肯定要差一些，现在流行的“葛优瘫”等动作也难于在木质沙发上实现，但木质沙发更加持久，造型古朴，与纯中式风格家具的搭配度高达百分之九十，因此也是许多人的心头好。不过，木质沙发如果选择好木材，那么价格会远远高于其他类型的沙发。

近年来，沙发的材质已经呈现一种合并趋势，比如木质沙发会搭配布艺，真皮沙发会有实木元素，这些变化给大家提供了更多的选择空间，也更加逼迫着有选择困难症的人。所以总体来说，我认为选择沙发主材就是考虑一下经济实力——钱不凑手可以先买布艺的，将来再换其他材质；考虑一下实用度——家里有拿着小刀玩的小孩就不要考虑真皮和木质了；考虑一下特殊需求——有螨虫过敏症的，对布艺沙发要警惕；最后再考虑一下到底喜欢什么——导购关于“这种材质现在好流行”之类的话，都不要去听，自己喜欢才是最重要的。

除沙发之外，布艺、木质还是真皮的床头，也可以用这种方法来选择哦。

四、厨房开放or封闭

厨房是开放的好？还是封闭的佳？随便打开一个装修论坛，都能够看到一众“装友”针对这个问题争论不下。

总结起来，关于厨房的开放与封闭，有几种主流的态度。

1.封闭厨房完胜。中国人不同于西方人，烹饪油类大，瓶瓶罐罐也多，开放厨房怎么hold住？

这个观点非常有道理，也说进了大多数人的心坎里。我们常在电视上看到西方人住着漂亮的二层小洋楼，厨房设在客厅的角落里，早餐时分有妻子忙碌的身影，给厨房与生活的联系赋予了新的内涵。但是，看看西方人吃什么，咱们又吃什么呢？他们早晨煮个蛋夹个面包可能就OK了，而我们中国人天天吃面包和沙拉，整个人都会不好的，总得弄个红烧排骨或者油焖大虾来吃吃吧？这一吃就好了，油烟满屋飞，所以总体上来说，还是封闭式厨房更适宜中式烹饪及中式生活。

此外，除了油类问题，封闭式厨房起到了一个隐私保护作用。厨房里不可避免大锅小锅、大盘小盘、大罐小罐，很难整理得美观大方。敞开无疑对整体家装效果是个破坏，而关上了可以起到有效的“藏拙”功能，这也是非常值得重视的。

2.开放厨房更时尚，更适合年轻人。目前持这一观点的也不在少数，而且也确实有理。上文中我们提到了关于油烟的问题，但是现在的年轻人在家做饭的机会越来越少，即使在家做饭，往往会用到烤箱、微波炉等产生油烟极少的炊具，对于油烟的要求不高，所以开放式厨房也并非不可行。

更重要的是，现在越来越多人采用开放式厨房是出于面积上的无奈。随着房价的不断攀升，小户型的需求量提高，购买到手的房子往往只有厨房和小小的客厅，逼仄且缺少餐厅，视觉效果不够通透，采光量也达不到需求。这时候开放式厨房就可以发挥巨大作用，开放厨房在视觉层面上更加开阔，用餐环境也会更加温馨。不信大家可以翻翻小户型装修图，开放式厨房的效果一般都比封闭式要好。

3.做个半开放式的厨房，一切问题都解决了？随着封闭式厨房与开放式厨房PK的升温，又一种类型的厨房出现了——半开放。对于半开放式厨房没有特别严格的定义，通常情况下指的是将餐厅和厨房连在一起，与客厅不发生直接关系。这种设计的厨房避免了客厅被油烟侵扰、瓶罐影响美观等开放式厨房常见问题，又能有效地提高餐厅和厨房的使用面积和舒适度，也是不错的选择。不过，适合这种厨房的户型并不多。

总体来说，关于厨房更适合哪种形式，优缺点就如上述所言。在这里笔者照例啰唆一句，开放式厨房好看，但只要家中开火，我就不太推荐。不要迷信抽油烟机的吸力，也不要过分相信自己整理厨房的能力，日子过起来，房子肯定不是效果图上的样子，油烟有多难擦、炊具多容易摆乱，只有切身体会才能明白。

说到这里，也许会有人反驳一句：“是不是想太多？其实西方人也会做煎牛排等油烟重的食品啊，并没见人家多难擦。”这里就要提到一个关于面积的悲伤问题了。通常情况下，当开放式厨房产生油烟之后，需要在10平方米的面积内扩散，厨房小于这个面积，那么油烟在没有被完全吸到抽油烟机之前，就很有可能弥漫到客厅里了。欧美等国家的住宅面积往往比我们更宽裕，所以即使在开放式厨房内进行大油烟的烹炸，也可以将油烟扩散控制在一定范围内，所以忽略面积而单纯比较是不明智的。

小贴士

1.如果选择了地板作为地面主材，那么在经济条件允许的情况下，鼓励大家多考虑环保因素，选择实木多层或实木三层地板，有条件可以直接选择实木地板，不过保养起来难度会大一些。

2.选择实木多层地板时，不仅要看木头的材质，还要注意表层木头的厚度，理论上越厚越好。有些多层地板贵于三层地板的原因就在此。

3.关于墙面装饰问题，有一条不破的真理：无论多么喜欢花色的墙纸和深色的硅藻泥，在房屋面积小、采光不好的情况下，千万不要大面积使用这两种墙饰。否则，你会发现自己的房间更小更暗，变得非常压抑。

4.很多选择布艺沙发的朋友们会担心拉低家装的档次，其实现在很多布艺沙发可以做到仿真皮的效果，非常美观实用，价格又容易接受，是可以优先考虑的。

5.选择床与选择沙发的区别在于，床对美观性的要求可以差一些，但作为寝具环保必是第一位的。

6.封闭厨房、开放厨房及半开放厨房，各有各的好处，但强求通透与油烟隔绝而以大块玻璃作为厨房墙壁打造一个“透明厨房”，并非是一个人人适用的好办法。透过玻璃依旧能够看到杂乱的桌面，同时清理玻璃又是一个重任，而不清理很快就显脏相了。

7.最后要说的是，无论哪种比拼，优劣都不是确定的，需要大家自己擦亮眼，走走心，做出最适合自己的选择。

既然掏腰包，一定要舒舒服服地掏

既然已经开启装修的征程，最少不了的就是花钱。如果你像我一样，是平时打车20元都要好好想一想的勤俭宝宝，那么在装修时一定要转变消费观念，准备好将自己的消费单位从几十元几十元，过渡到几千元几千元，甚至几万元几万元。

掏的时候肉疼不？当然疼。但在我看来，肉疼倒是其次，如果花了钱心里却不舒服，那才麻烦呢！所以，给大家支三招，既然一定要掏腰包，不如舒舒服服地掏。

一、没看中的，再便宜也不买

买房是大家的心头大事，对这个家一定会格外爱护。租房的时候，某宝上几元几十元的小东西经常往家里添，但等到自己买房装修的时候，因为很多东西买过之后很久不会再换了。比如沙发、书柜、橱柜等，既然如此，一定要看中了再买。不要为了省小钱，买了并没有完全看中的东西，那样心里会犯嘀咕的。

我家楼下的孟姐就是个例子。孟姐是个会过日子的人，装修时四处学习经验，是小区装修者中的老手。但孟姐也有栽的时候，她家北屋要上一套柜子，有家品牌她真心看中了，但实木的较贵，同款有板材的。推销员热衷于让孟姐买实木款，就格外向她宣传："还是实木好哇！板材的虽然好看，我为啥不推荐你呢？因为不环保啊，你切开板材柜子之后，里面都是碎木条压的，有胶哇！广告上说是零甲醛，其实是不可能的啊。还是实木的放心啊！"

一番话说得推心置腹。

孟姐既想要实木又实在承担不起，最后一咬牙，买了那个板材的。

孟姐真看好板材那款了吗？当然没有，这组板材柜子只是同款实木柜子的替代品而已。买回来之后，孟姐开始反复回想当初推销员说的话——“这款柜子有甲醛啊”，于是孟姐怎么闻怎么觉得这柜子有怪味儿，甚至觉得一靠近这柜子就会头疼。孟姐让老公和儿子试试，他们都不觉得，但孟姐始终认为那可怕的甲醛就在这柜子里。

怎么办？退掉显然是不可能的。难道丢掉再买一个？那也太浪费了，再买一个加起来的钱还不如买当初看中的实木柜子。于是这套板材柜子成了孟姐的心病，只要看到它就觉得心里堵得慌。

其实孟姐的那套柜子，甲醛并不一定超标那么多，一切都是孟姐的心理作用而已。因为这套柜子不是自己中意的，买回家总会看着不顺眼，心里总要犯嘀咕。这就像嫁人一样，父母给择了一个条件不错的老公，但因为不是自己挑的，就怎么看怎么不顺眼，说白了就是一种“别扭”。

但是没有办法，人就是别扭的动物。通过孟姐的事，我们都吸取到一个经验：既然大件家具购买后很难轻易更换，所以一定要看中了再买。如果看中的恰好很贵，那就多走几家店继续看，直到有完全中意的为止。绝不能因为便宜，买一些没有百分百中意的东西。日子久了，这件东西省掉的钱已经不重要了，造成的心病却会不断放大，得不偿失。

二、买过了，绝不回头

还是孟姐的例子，主题还是孟姐会过日子。省俭，这是非常值得我们学习的，所以当孟姐在南京某家博会上订购了全套的橱柜之后，突然犯上了一个毛病：她要知道自己是不是订到了最低价。

孟姐订购那天，导购小姐告诉她这是“千载难逢的打折机会，以前从来没有这么便宜过”，孟姐也觉得价格确实合算，就整体订之。橱柜做出来大气漂亮，我们许多邻居都去参观，但孟姐却有些想不开，她想知道自己是不是买贵了。

她说：“我第一次进那家店就下单了，可能是草率了啊，也许会有更便宜的呢？”于是，孟姐每次家博会都要参加，红星美凯龙打折也每次必去，为的就是一次次地比价，看看自己之前是不是买贵了，否则心里就不踏实。随之带来的一系列反应就是，孟姐要比价的东西越来越多，比如已经进了家门的洗烘一体机，比如当初明明很中意的真皮大床，比如那已经选好了花色的墙纸。不比不知道，一比真的吓一跳。“双11”那天，孟姐订的洗烘一体机真的又降价了，孟姐当时差点气疯过去；比如那已经放完味的真皮大床，年底大促销又添了赠品和代金券，也让孟姐着实栽了个跟头。孟姐气不过，多次啪啪拍我家房门，向我诉说她的气闷。

孟姐的心情可以理解，我在优衣库买完了衣服也总爱回头去看是不是打折，一旦发现降价了，只能徒然生气。后来我终于想通了：既然买了，想那些有什么用？已经没有办法了。也许再过三年这东西淘汰了更便宜，难道还能等到那时候再买吗？

我用这个理论安慰孟姐，收效大不大我不知道，但我还是一再劝孟姐不要再去商场比价了。俗话说得好：“买的不如卖的精。”我们作为普通的消费者，永远不能猜透商家的心思以及利益操作的规律，能碰上哪次折扣就碰吧，自己买得高兴就好，没必要一次次再回头去验证自己当初的选择合算不合算，有那个精力不如放在装修接下来的几个步骤里，将接下来的货买好，那才是正道。

所以，买完了，别回头，无论比价结果是好是坏，它们都已经过去了。

三、找个投缘的导购员

开始装修之后，免不了要与各类的导购员打交道，有的导购员让你恨不得当场结拜为兄弟，有的导购员能够气得你当场吐血而亡。正因为见过许许多多的导购员，我才格外奉劝大家：既然一定要掏钱买东西的，能找个投缘的导购员吗？

先讲一个我自己的例子。地板一直是我们装修时非常注重的部分，所以几次跑去圣象家看地板，一来二次就有几个导购员对我们俩眼熟了，既然我们那么犹豫难选，肯定是目标客户啊，所以一连有几个导购员都对我们示好并留下电话。

我们知道导购行业竞争激烈，所以一直把最初给我们介绍最全、最可亲的小姑娘作为我们的目标导购，每次去看地板就找她，其他导购员一看我们有固定的业务员了，就不再上前了。

然而，有位文眉导购大妈是非常不服的，就在我们决定要下单的一天，她突然冲上前来，趁着人多把我们扯走，然后极热情地问我们需要哪个型号，并掏出单子来让我们填写。那天是家博会，人确实多，我们原先的导购小妹手里两个客户都被大妈横刀夺去，估计大妈是知道小妹文弱好欺负吧！另外一个客户被大妈的气势吓住了，反正已经选好样式（之前给他们细心推荐样式的都是小妹啊），他们也无所谓跟谁签约，当时就跟大妈签了。然后大妈又转头问我，我看了一眼远处快要哭了的小妹，很硬气地说："我有导购员，我跟她签去。"

大妈眉毛一动，眼看着是要怒的意思，她说："你们什么意思啊？我接待的你们，你们却要找别人签，懂不懂事？"看到了吧，大妈就是这么强词夺理，也许正因如此，所以小妹才不敢与她抢的吧。我那天正好来"大姨妈"，心情很不好，也不甘示弱，我说："明明是小赵一直给我们推荐的，我当然要找她订。"

"她？你今天要想订就得从我这里订，她那里订不了！"大妈耍起了赖。

"行啊，我不信全南京就你们一家圣象，我换个门店订呗。反正我不跟你订。"我也耍赖。

其实我们刚才的对话，旁边的经理都听着了，听说我要换店急忙出面，招手叫小赵过来，让我们与小赵填单子。这个场景让我更加寒心，原来经理什么都知道，却不帮小赵，这是个怎样冷酷的领导啊！

签约完毕之后，小赵突然拉住了我的手，她说："谢谢你，真的。"

后来小赵从圣象跳槽到了某木门店里，我们也找她订的门，价格合理，安装师傅也很有经验，我们算是交了朋友。经过了这件事，我越来越倾向于找一个投缘的导购员，那些脾气差的、耍赖皮的、满嘴跑火车的导购员，即使他家货好，我也不会找他订货，反正大品牌的导购不止一个。我认为，这不是矫情，而是用我微薄的钱和力量，与不正之风做斗争，更是给许多像小赵这样初入行、常受欺负却非常努力工作的年轻人一个机会。

我们都是年轻人，都希望有机会。

小贴士

1.装修做好花钱的准备，也要做好花不顺心钱的准备。无论怎么样，过去的都过去了，总结经验教训即可，没必要回头一次次生气。

2.买过的东西不要再回头比价，与朋友家买同样的东西也不要比价，比价是一件特别容易伤心的事情，反正什么也追不回来了，没必要浪费这个精力。

3.如果一定要买某品牌的东西，请找一个优秀、真诚的导购员。

4.家装是大事，如果没有看中，再便宜也不要买，不要给未来留下烦心的隐患。

下编

关于房子那些事儿

第一章

买错房，比买不起房更糟糕

商住两用，爱你在心不敢买

乔珊的生活，从购房开始走了下坡路。

听起来很荒诞，但事实诚然如此。乔珊是个自由撰稿人，老公是某外企职工，二人收入都不低，目前没孩子，生活压力不算太大。压力小，对生活环境要求就相对比较高。乔珊说："我不想住那种老二手房，我希望有花园式的环境，有落地朝南的窗子、干净整洁的小区，最好楼层高一些，当我因写作感到疲惫的时候，可以端一杯咖啡，俯瞰整个繁华的城市。"

某商住两用房恰好满足了乔珊的要求。这是一栋屹立在都市中心的高层，漂亮的外饰，繁华的街景，楼下有豪华的大厅和帅气的保安，到手的房子也是精装修。乔珊和老公几乎第一眼就看中了这套房子，完全不顾旁人暗示性地说："这房子性价比很高，这样优越的环境和物业，这样便利的交通，却比一般民居小区要便宜得多。不过，是商住两用的，您看能接受吗？"

商住两用怕什么？商住两用就是又能经商又能居住呗，他们经商是他们的事，我关起门来生活是我的事，没关系！

乔珊和老公迅速地签下了这套房子。

一切都顺利得像个陷阱，从头到尾乔珊都没有细想过。

隐患从她签约后的第一步就开始凸显了：首付，这套房子需要交出的首付比例是房价的50%，高于普通民宅交易的首付率。当时乔珊和老公觉得有些压力，但他们为了心爱的房子，一咬牙，付了！

拿到了钥匙，就搬进了亮堂堂的房子。那天晚上乔珊在精装屋子里转来转去，兴奋得睡不着觉，窗外是霓虹街景，仿佛置身于整个城市的中心。乔珊一迭声地问老公："你说，这么好的房子大家怎么不抢？怎么还卖得比旁边小区便宜？大家是不是傻？"

老公被乔珊吵得睡不着，不耐烦地翻了一个身，嘟囔了一句："大家应该不会傻，说不定是咱俩傻。"

"胡说！"乔珊白了老公一眼，继续欣赏自己的漂亮房子。那时候她不知道，她敏感而脆弱的心接下来要承受一系列的打击。期望越高，失望真的会越强烈。

首先是户口。乔珊是自由撰稿人，自然是解决不了户口的，老公在外企只能等着积分落户，一时半会儿也解决不了户口，原来的计划是买到了房子之后自然解决这个问题，谁知拿到房子后被告知：商住两用房不能落实户口。

"什么意思？虽然是商住两用房，但我们买它并不是经商，而是正常居住啊！"乔珊很疑惑。

但得到的答案是毋庸置疑的，户口问题解决不了。乔珊感觉微微有点晕，长期做自由撰稿人，不与外人接触，她对这个世界的了解是静态而片面的，想某些问题往往是感性大于理性，无法从实用角度去分析。晚上回家，她把这个消息告诉老公，工作繁忙而无心顾及琐事的老公同样吃了一惊，他也不知道不能落户口。

"你是不是男人？这么明显的道理你都不知道！"乔珊发怒了。

老公也生气了："首付一下子那么多，我不得忙工作赚钱吗？你天天在家闲着喝咖啡敲键盘，你怎么不多关注一下政策？"

乔珊一时语塞。当天晚上两人不欢而散，在新房里居然一个睡床一个睡沙发，结婚以来还从未有过的分居情况，在新房里早早上演了。

户口的问题解决不了就解决不了吧，乔珊安慰自己，反正现在户口也没有什么大用，虽然会影响未来小孩上学，但毕竟那是很久远的事情，先走一步是一步吧。

然而很快第二步隐患又出现了，那是当月的水电费账单——上面的数字远远高于他们租房时的费用。

怎么这么高？乔珊这才意识到商住两用房的“商用水电”问题，买房之前导购曾跟她提到过，但她想着水电费这种东西，就算多又能多出几个钱？不承想，超出的是一倍还不止。尤其乔珊在家自由撰稿，往往一连几天不出门，空调要开着，热水器要烧着，耗电比一般的工薪家庭要多得多。

乔珊把当天水电费用交给老公看，老公似乎没有吃惊，他摸出了另外一张单子：“今天小区收本年度物业费了。”物业费的数字也足够乔珊吓一跳的了，商住两用小区的物业费通常高于普通民居，这是常识。因为商住两用说到底是朝着“商”倾斜的，其中有大量办公经商者，产生的多余费用是民居与商户同时承担了，实际上民居是不合算的。

这在无形中又多了一笔经济压力。从结婚到现在，乔珊和老公虽然一直没有买房子，但租房住的生活很优哉，他们租着装修比较好、地段比较便利的房子，虽然房租不少，但对他们来说压力并不算大。如今付出了这么多的首付，还要承担高昂的水电、物业等费用，乔珊开始觉得生活吃力了。

除了这些，随之而来的烦恼还有不少。乔珊虽然是正常居住，但不能阻止邻居们经商。乔珊的邻居开了一家写真工作室，与影楼的高价相比，这种写真工作室成本低、性价比高、创意性强，所以生意分外好。工作室在一楼大厅会竖起一面招牌，写着“XX写真请至12层”，到了12层之后，走廊里还贴上了路线指示。

就算这样，每天还会有很多年轻姑娘贸然去按乔珊家的门铃，询问她是不是XX写真工作室的摄影师。乔珊是个写手，优质的工作环境是她效率提升的最关键前提，每当酝酿出灵感的时候，就会有恼人的门铃声响起，这样还如何工作？即使某天没有人按门铃，她的心也总是揪在嗓子眼，害怕那恐怖的门铃声随时响起。越这样灵感越不来，乔珊发了几次火，也去找了写真店的摄影师，摄影师态度非常良好，但他也表示无能为力：“我已经尽力把标识写得很清楚了，但我的客人们有时候就不愿意仔细看标识，我有什么办法？”后来，乔珊只能自己打印出一张纸贴在门口，写着“此处不是XX写真工作室，请向前走左拐”。这样一来少了很多按门铃的人，但乔珊每次看到自己门上那个大白条子，心里就堵得很。

夫妻关系非常玄妙，有时它坚固得不怕一切磨难，有时它又脆弱得会受细小因素的影响。自从住进这个房子之后，乔珊和老公都有一肚子不顺心，这种怨气很容易撒到最亲近的配偶身上。乔珊和老公吵架的频率越来越高，所以有时候乔珊也不愿意在家待着了，不如出去走走看看外面的世界，也看看差点疏远了的朋友们。

诗诗就是乔珊的朋友之一。诗诗早于乔珊一年背上房贷，买的是某较旧小区的二手学区房，乔珊曾去看过的诗诗的房子，简直天价，房子一般，小区环境更是一般。浪漫感性如乔珊，曾一度觉得诗诗太傻，买个那样的房子，还花那样的钱，太不值得了。今天坐下来，两个女人各执一杯咖啡，说来说去又提到了房子上。诗诗放下杯子，皱起眉头开始诉苦了：“别提了！房贷还起来压力大啊！孩子眼看着一天天长起来，花费更是越来越不可思议，将来上学了还要报这个班那个班，你说可怎么得了啊？还是你好啊，你们的房子总价没有那么高，压力也就没有那么大了，对吧？早知道这样啊，当初我们也买商住两用的房子，少受这个罪。”

乔珊听到这里，心里一阵发苦，平时骄傲如她，从不会说自己家半点不好，但今天却忍不住了，她说：“商住两用？买了才后悔呢！压力怎么不大啊，首付比例就比普通房子高，水电费、物业费每月都是一大笔费用！周围邻居做生意，鱼龙混杂，有时候住着真焦心！”

诗诗的眼睛亮了，她似乎得到了她最想得到的消息，她换上了一副推心置腹的表情，接着乔珊的话说了下去：“哎呀，好像还有个问题，你们的房子办不了户口，也落实不了学区吧？那样的话，将来小孩上学可怎么办啊？”

“那时候……再换吧。”乔珊真没想到那么远。

“再换就得把这套卖掉吧？但我实话告诉你，现在全市房价都在涨，但商住两用房的涨价幅度最低了，晚几年卖可能都买不到好地脚的学区房了。而且商住两用房出租容易，出售就没那么容易了吧？”

“这个……”乔珊也没有想过。

诗诗却还有话说：“对了对了，还有件事，我也不知道对不对，就是问问你哈。你们商住两用房的产权是不是只有40年啊？你拿到房子的时候产权已经过了10年了，也就是说未来你们的产权只有30年喽？如果一直住在这房子里，30年以后你们可怎么办呢？民居可能会自动延续，你们商住两用不一定吧？如果不想一直住在那里，想要卖掉，但过了几天你们的产权期限只有十年二十年了，还能卖掉吗？”

乔珊被诗诗连珠炮式的问话惊呆在现场，诗诗一口一句“我不太清楚就是问问”，但实际上却是有备而来的，早就查好了各种商住两用房的弊端，就是等着来恶心乔珊一下，乔珊算是看出诗诗的险恶用心了。

但是换句话说，有可能诗诗根本没事先查过这些信息，这些信息是每个购房者都应该知道的。如果是那样，乔珊买了不适合自己的房子，更是活该了吧？

后来的咖啡乔珊没喝，怕苦。

当天晚上乔珊回到家，把白天的对话一五一十讲给老公听。老公显然不愿意再听关于这套房子的任何话题，那已经成了他们夫妻之间的一个隐痛之处。不过，良久，老公还是说话了，他说：“我还听说一件事，说商住两用房的消防不如一般民居。我不够专业，也不知道是不是这样。反正你总是在家，凡事多小心。”

乔珊觉得心坠到了冰窖里。

当天晚上，乔珊想到了大学时读过的一个故事，叫《创造病》，是老舍先生的作品，讲的是一对夫妻本想买个留声机消遣时光，却因为缺少必要的计划，留声机买回来之后形同虚设，用不起又卖不掉，成为夫妻二人都不想提前的伤疤。

乔珊想：这套贸然签约下来的商住两用房，是不是也将成为自己的“创造病”呢？

小贴士

1.商住两用房，顾名思义是：____

2.商住两用房的优点在于：____

3.商住两用房的缺点在于：____

4.故事里的乔珊是个极端个例，虽然商住两用房并非完全不能买，但买之前一定要全盘了解相关的政策，确实觉得自己适合了再购买。切勿像故事里的乔珊一样贸然出手。

朝向说："忽略我你会后悔的。"

买房那天，很开心。

摆在林蓉面前的这套房子，价格比楼上楼下正在出售的房子都便宜很多。问其原因，中介向她解释过了："这房子卧室及客厅窗子都朝东，所以便宜。"

"除了朝向，没有别的问题？"

"没有了，就是朝向问题，您也看到了。"

在林蓉的心里涌起了喜悦的暖流，在她看来，朝向并不是很重要的，性价比才是最关键。这房子三楼，小区不错，价格又比同类房子便宜出一大截，为啥不买呢？她相信机不可失，失不再来，这么便宜的房子如果不立即出手，可能今天下午就被别人抢去了！

林蓉相信自己的眼光，她决定买下这套房子。

然后，这个关于朝向的故事就开始了。

收房之后林蓉开始了简单的装修，与她相邻不远的就是单位同事，和她同期买了房，比她早装修几个月。林蓉多次去同事家看房，觉得人家的壁纸、地板及软装都很好看，于是怀着"见贤思齐"的想法，把同事的装修风格原封不动地照搬过来。然而，三个月的装修期过去后，林蓉推开自家的门，却觉得不对劲：同样的装修，为什么就没有同事家的好看呢？

林蓉不服气，来来回回对比了好多次，得出来的结论还是一样的：就是没有同事家好看。

同样的壁纸，在同事家里明亮大气，在自己家就晦暗无光；

同样的地板，在同事家温暖可亲，在自己家就发黑发暗；

同样的实木家具，在同事家高端大气有光泽，在自己家就黑不溜秋很老气。

说白了，所有物品好像都与同事家存在一定的色差。

同事也来林蓉家看过几次，本来很不高兴林蓉抄袭她家的创意，但一看林蓉装修出来的效果，倒也心平气和了。后来，同事一语点醒了梦中人："我觉得是采光不一样吧？阳光一照，很多东西就好看了！"

林蓉急忙把自己家的小桌几搬到有光照的地方，果然，当阳光照射之后，实木也会发出和同事家一样高端大气的光泽。

从这一刻开始，林蓉才意识到采光的重要性，并真正感觉到这个朝东房子在采光上的缺陷。朝东的房屋并非不采光，而是采光时间特别短，到了中午11点左右光线就消失了，整个下午房间都会非常暗，这种晦暗不明使空间失去了温馨可爱的感觉，像个大牢房，什么样的壁纸和地板都出不来色。

林蓉期待中的"温馨的家"，失去阳光的帮助，几乎无法达成。

而东向房子采光好的时间段却有些恼人，采光最好的时间段是早晨，周末早晨林蓉和先生正睡着懒觉呢，就会有光芒万丈的太阳公公把温暖的双手伸进她家的窗子，然后活活把他们夫妻俩晃醒。懒觉睡不成的痛苦感，相信很多上班族都有体验，后来林蓉只能把卧室的窗帘换成加厚的才克服了这个困难。

采光时间短还造成另外一个问题：温度低。阳光照在屋里就是会很温暖，阳光照不进，就是会冷，这个道理从小我们就知道，林蓉在这个朝东的房子里再次感受到了它的真实可信。买房后很快进入冬季，上午还有少许阳光照进来暖和暖和，到了下午失去了阳光的普照，房间温暖骤然下降，不可阻挡。林蓉只能通过调高空调问题来回避寒冷。想象一下，冬天的下午，房间昏暗而冰冷，那感觉是怎样的？林蓉觉得心里格外堵得慌。

好在林蓉的先生是个乐天派，他抱着林蓉的肩膀说："你别担心，你这样想，冬天太阳照不进来有些冷，但是夏天咱们就幸福啦，夏天没有太阳照会凉快些，你同事家朝南，太阳一照就热死啦！"

这么一想林蓉也觉得快活，便一心盼着夏天的到来。夏天如约而至，没想到的是，林蓉的房间居然——特别热！

阳光确实不充足，没有足够的热辐射，但同时朝东房子的另外一个缺点也凸显出来：不通风。在我国，大多数朝东向房屋通透性比较差，造成室内空气流通不畅的问题。尤其像林蓉家这种大窗全部朝东的房屋，问题就更严重了。林蓉只能通过长期打开空调制冷来抵抗炎热，并不比冬天好过。

而且，长期开制冷极易使人感冒，林蓉最想要的是自然风的凉爽。最后只能在朝西的防盗门上做手脚，换了一扇带透明网子的金属防盗门，让东西风形成流通，才解决了一定的问题。

幸福感是很微妙的，有时候一口好吃的热粥会让你很幸福，有时候一阵冷风会让你很不幸福。幸福感无法量化，它是一种由内而外的感觉。现在这个朝东的房子，说它差也不算差，但它不能给林蓉幸福感。林蓉喜欢的是温暖的太阳，喜欢阳台上可以随时晒干的衣物，喜欢家里有清风带着花香和夏日的气息吹进来，她想要的不是现在这个一到下午就没有太阳、闷闷黑黑的房间。

后来林蓉说："干脆把它租出去吧？再想办法买一个小房子？"

先生觉得林蓉有点"作"，但听了林蓉的"幸福感理论"之后也同意了。

不承想，出租这个环节也出了问题。林蓉的房子精装修，要价自然要高于其他房子，却不承想，来看房的人都看不上。其中一个看似大学刚毕业的小女孩一针见血地说："姐姐，你这房子真不错，装修真好真新，但朝向我没看中。东向房子采光不好，通风也不好，再加上这么高，不适合我。"

林蓉惊呆了，连一个小女孩都知道朝向不好的问题，自己当初买房的时候带没带脑子啊？

中介也劝林蓉降价，说朝向确实是个重要的问题，相对来说还是南向房子好租一些，其次是北向和西向，东向一般来说是价格最低的。林蓉气得牙痒痒，当初买房的时候中介怎么不说？现在她要租房，中介倒提出朝向问题让她降价了。

林蓉看了看那朝东的窗子，一跺脚："我不租了！还是自己住！"

林蓉再次回归到朝东房子的生活，学着渐渐去适应那极短暂的采光，以及梅雨天那因采光通风不足而总是发霉的柜子和墙壁。

有时候林蓉会跟自己的好朋友们抱怨，说朝东的房子如何如何不好。朋友们都是对房了解不多的人，有的甚至还没进入买房阶段，所以听完了林蓉的抱怨之后，都觉得不可思议。她们说："林蓉，你是不是逗我们呢？你那房子多好啊，便宜，性价比高，一个朝向有什么了不起的？便宜才是王道啊！"

林蓉这才发现：原来不了解朝向重要性的人那么多，远不止她一个。

其实朝向是个很令人犹豫的元素，朝向差一点，价格就会差很多，所以许多人选择关注显性的性价比，而忽略较为隐性的朝向。

但是如果朝向有感知，它可能会对这些人说："忽略我，你会后悔的。"

小贴士

1.在我国，买房朝向最好是南向，其次分别为：北向、西向、东向。

2.文中例子可以作为典型，但不能一概而论。朝向差的房子往往价格低，所以性价比依旧是要慎重考虑的问题，并非朝向差的房子就不能买。

3.除采光问题外，还要考虑风向问题，如果房子某侧临近屠宰场之类会散发异味的场所，就要考虑不能买此处的下风向窗口，这也是朝向重要之处。

跃层，你确定你很勤快而且不怕冷吗

吕蓓之所以买这套房子，就是被那句“我们的房子层高几乎是别家的两倍，可以分割成两层”所忽悠了。

能够住一套跃层的房子，买房的时候却只要付一层面积的房款。这种诱惑不是一般人所能抵抗得了。所以吕蓓和老公当即对视一眼，下定决心要这套房子。

“分割成两层，天啊，买70平方米的房子，相当得到了140平方米！”

回去的路上，吕蓓和老公都在兴奋地重复着这句话，好像捡到了大便宜。然而实际上，买房这种事，并不像加减法那么简单。

首先面临的是装修问题。售楼小姐说得好：“一层可以隔成两层。”但开发商不会替你分隔好，需要自己加钱动手。因此，在装修之前，吕蓓就要掏出一大笔钱进行两层分隔，银子分分钟流出去。同事同期装修，这些钱足够做硬装了，而吕蓓家才刚刚隔出二层。

吕蓓咬着牙说：“没事没事，咱们是跃层，装出来比她家漂亮一百倍！”

没错，跃层是漂亮，而且从楼上款款走下来再款款走上去的感觉实在是太棒了，不过这些都需要钱作为代价。除去分隔费之外，跃层的装修费也多出近一倍，这其中包括二层的地板、瓷砖还有那漂亮的楼梯。

如果这些都不算什么，接下来的问题就更难办了。吕蓓起初的规划是这样的：楼下作为起居室、餐厅和小储物间，楼上用作两个卧室——这是跃层普遍的规划方法。然而，楼上是吕蓓自主分隔的，所以没有洗手间，开发商准备的洗手间在楼下的角落里。解决这个问题不是没有办法，吕蓓可以在楼上砌出一间小屋作为洗手间并与楼下洗手间贯通，但这个工程量以及费用远远超出了吕蓓的预算和想象，而且工程队还说："你们是自己改装哈，质量问题我们是不敢保证的。"

听了这话，吕蓓脑中关于楼上装洗手间的想法去掉了大半，她叹了一口气："算了，楼下洗手间就楼下吧，也就多了个楼梯，有什么大不了？"

吕蓓想错了，这事儿非常"大不了"。半年后装修结束，散味三个月，吕蓓和老公入住新房，入住第一天就感觉到没有洗手间的痛苦，当时是冬天，又是不供暖的南方，吕蓓想要上洗手间时，需要从暖烘烘的被窝里爬出来，穿过又长又黑的楼梯到楼下来。这一路再走上去，人已经被冻得透透的了。

所以到了晚上，吕蓓和老公都不敢多喝水，生怕上床之后还要上洗手间。有时候非去不可时，也是赖在床上久久不愿意动弹。吕蓓模糊地想起上大学的时候，那时候宿舍里没有洗手间，需要走出去穿过走廊才能解决问题，这是宿舍里所有女生的隐痛。当时女生们都说："将来一定要买个卧室离洗手间很近很近的房子，再也不吃这个苦了。"

可是现在呢？吕蓓居然又过回了上大学的艰苦生活。

吕蓓心里有点悔啊。跃层是漂亮，但漂亮是给人看的，住着不舒服的体验却是自己的。

更让吕蓓后悔的还在后面。吕蓓楼上分隔的两间卧室，其中一间是给老人的。吕蓓和老公都觉得，老人辛苦了大半辈子，现在买了跃层的漂亮房子，不让双方老人轮流来住实在说不过去。但是，无论是哪一方的老人，住了几天之后都觉得不舒服，想要回家去。吕蓓和老公诚恳挽留，还是婆婆说了实话："孩子啊，你们孝顺我们都知道，看到你们给我们留了屋子，还那么漂亮，我们高兴呢！可以我的情况你知道的，关节有毛病，平时上下楼都挺费劲的，外面的楼梯也就算了，我们坐电梯上来，大不了不再出去。但是家里这楼梯怎么办？我们总得上楼睡觉，还得下楼上卫生间啊！上上下下的，我总怕摔着，太不方便了。不如我们回去住那个一楼的老房子，旧是旧点，但我和你爸啊，住着都舒服。"

吕蓓听了婆婆这个顾虑，心像被扎了似的疼。后来她打电话给自己爸妈，也得到了这样的答复，爸妈都说："老年人岁数大了，有时候上楼下楼会觉得有些恍惚，生怕摔倒。你们这个跃层是好，但不适合我们啊！"

其实何止是老人，有时候吕蓓半夜起来上卫生间，也有"要摔"的错觉感，太不方便了。

有时候吕蓓会想：这房子自主分隔两层不方便，洗手间就是个大问题。那如果是开发商盖好的上下两层呢？是不是就没有这个问题了？

吕蓓找到了同事晓芒。晓芒家里条件相对好一些，买了一套复式房子，上下面积不大，但楼上楼下都有洗手间，设施齐全。吕蓓问晓芒这房子住着是否舒服，晓芒一瞪眼："你居然问这个问题？你家也是跃层，难道这种两层楼有多不舒服你不知道吗？"

"你们和我们的情况不一样，我们是层高自主分隔的，有很多不方便，你们肯定就舒服多了吧？"

晓芒摇摇头："我们倒是没有楼上缺洗手间的问题，但其他问题一样棘手。我们这个房子啊，开发商设计的是楼上楼下大平层，看着特气派，但到冬天呢，一开空调，好几个小时也暖和不起来！我女儿还小，冻得直吸气。到了夏天，也是这样，睡觉的那层热得不行，但打开空调，大平层要制冷的面积太大，空调的力量杯水车薪，有什么好的？"

吕蓓这才想起来，她自己家也是这个情况。自从买了跃层，家里的空调就不如以前住单层的时候给力了，原来根源在这儿啊！

晓芒还说："装修多花的那些钱我就不说了，我认为更严重的是，那个大楼梯很占地方的。我们这个楼上楼下花了不少钱，加起来有160平方米。如果没有楼梯，而是一个单层大平层，那得有多少使用面积？现在楼梯间占去了一大部分，又没有做好楼梯的储物设计，很不实用。"

反正，最后晓芒得出来的结论是：如果有那份钱，同样的面积，不要贪图复式的漂亮，还是大平层更实用。

听了这些话，吕蓓心里有些不服气，她是爱跃层的，她想为跃层说几句好话。晓芒是个心直口快的人，一下子又顶了一句话：“我是个特别有危机意识的人，所以我提醒你啊，复式房子都不利于疏散。如果将来着火了什么的，咱们比别人跑得慢！还有，像你家那种自己分隔的跃层更加危险，有各种安全隐患。如果地震了，你想想看，你家分隔出来的那层绝对是最脆弱的！”

一番话说得吕蓓哑口无言。

吕蓓回到家里，坐在客厅沉思了好久好久。平心而论，她喜欢她的跃层，那旋转的楼梯和探出来的露台满足了她对房子的一切幻想，但使用起来的种种不方便，也确实无法回避。这也许就是梦想和现实的冲突吧！

吕蓓不知道应该怎么办。

如今跃层很流行，许多人都像吕蓓一样，向往着更高品质的生活和更富丽堂皇的家，但是跃层所带来的一切不便是不是能够解决或者承受的呢？有时候，真需要好好想想，自己是不是适合跃层。

小贴士

1.跃层的主要优点是美观。具体来说跃层分为两种：一种是层高业主自主分隔式，这种跃层的好处在于，上面一层的面积相当于赠送，性价比很高；另一种是开发商建好的复式，好处在于解决了下水等一系列问题，入住方便。

2.跃层的主要缺点在于实用性：一是装修费用较高；二是楼梯占有使用面积较大；三是制热制冷的效果都不太好；四是家有老人和小孩生活不太方便。

3.其中，自主分割式的跃层遇到问题的可能性更大一些，具体表现在分隔层的下水问题，以及安全隐患问题。

4.总体来说，跃层不是不可以买，如果喜欢或者性价比高，完全可以购买，但它随之带来的一系列问题一定要正确看待，并想好解决的方法。做好准备的跃层，才能真正变成你心目中那个漂亮的“二层小楼”。

别说，真有人买到“凶宅”

看到这个标题你想笑吗？千万别笑，因为接下来要说的故事很恐怖。

“凶宅”，这个词仿佛只会出现在影视作品和小说里，离我们的现实生活遥不可久。印象中的“凶宅”全是乌森森的大院子，沉重的木门一被推开就会发出刺耳的吱嘎声，窗上爬满了蛛网，屋里有恐怖的黑白遗像……

这确实很恐怖，但同时也给我们一种心理暗示：好像凶宅一眼就可以看穿。

事实真的如此吗？

我的朋友阿鹏就买到过“凶宅”，当然了，他付钱的时候并不知道那是一间凶宅。房子朝西，但是价钱非常便宜，几乎是那种你一看地段、一听报价就想买下来的房子。看房之前就抱定要买的心态，这对购房者来说是最大的忌讳，无论中介还是房东，都可能从你强装漠不关心的眼神里看出丝丝的渴望。阿鹏就是把这种渴望暴露得太明显了，以至于中介直接对着房子一顿狂夸，夸得阿鹏晕头转向，丝毫没有感觉这房子到处散落着米粒、角落里粘着一些可疑的黄色纸有什么不对头的地方。

之后的程序就是签约、付款、装修、开荒，然后喜洋洋地入住。其实住进去之后阿鹏并没觉得有什么不适，只是老婆有点不舒服，觉得这房子清冷冷，好像怎么也照不亮似的。阿鹏不屑地一咧嘴：“女人就是麻烦，没房子的时候嫌没安全感，有房子又嫌冷。”

老婆看看这新装的房子，也觉得没什么可挑的。

但是过了一段时间问题又来了，阿鹏和老婆发现他们格外受到“关注”。小区门卫大爷，还有楼道里的大妈，经常很关切地问：“你们住×栋×××吧？感觉怎么样？”

“挺好的啊。”

“真的挺好？跟大妈说没关系。”

“真的挺好……”阿鹏和老婆都不明白对方什么意思。

然后对方就会高深莫测地一笑，摇摇头走开。

时间一长，同样的问题被问多了就会心里发毛，生出疑惑。有一天阿鹏和老婆去看电影，是个小成本恐怖电影，全程装神弄鬼，最后全都是精神病发作，剧情很无聊。但是演到结尾的时候，老婆突然在影院里高声尖叫起来。她拉着阿鹏说：“我明白了！咱们的房子……不会是“凶宅”吧？”

“凶宅”、闹鬼、显灵，这一类事物往往就是你越想就越觉得有。阿鹏开始仔细回忆买房的全过程，想起中介的谄媚和房东意味深长的笑容，再加上那些米粒和黄纸，顿时毛骨悚然。

不过阿鹏毕竟是个男人，不会像老婆那么沉不住气，他先是试着给原来的中介打了个电话，中介接听的时候倒是客客气气的，但听到“凶宅”二字的时候却连连否认，急着就把电话挂断了。这种态度让阿鹏更加疑心。再打电话给原房主，干脆联系不上了。

剧情发展到这里，似乎此房已是“凶宅”无疑。从那之后，阿鹏和老婆开始频繁遇到怪事，比如本来紧关的房门莫名其妙地打开了，比如挂在阳台的衣服飘来晃去像是个人影，比如半夜醒来好像听到了鬼哭……所有胆小的人都知道这种折磨，阿鹏和老婆已经无法正常生活，入住新居的喜悦感也荡然无存。

当两人长期无法安睡、已经精神衰弱的时候，老婆向阿鹏提出来：“真的住不下去了，我宁愿租房。要不然咱们把房子卖了吧……”

阿鹏点点头：“卖！”

中国房市有个好处，就是你一旦买了房，再卖出去一般都不会吃亏。阿鹏把房子挂在几家中介之后，就有大量电话打进来，这其中还有原来的中介，也想从转卖当中分一杯羹。阿鹏听见那个中介的声音就有气，却又不能挑什么理，毕竟在交易的规则里，“凶宅”并非是不能买卖的房产。阿鹏只能压住气，同意该中介联系买主，但阿鹏说：“你得告诉我，这房子怎么回事。”

好吧，接下来的几乎就是天外奇谭了，中介支支吾吾地讲了一个故事，他再三强调：“我也是听别人说的，你可别怪我。”

考虑到读者心理承受能力有差异，这个故事我就不过于生动地描述了——其实本来我是很想写得超级恐怖来过过瘾的，但咱们这毕竟不是恐怖小说，对吧？反正大致的意思就是：这房子曾经住过一对夫妻，妻子脑子有点毛病，有天晚上动刀把老公和孩子都杀了，然后守着尸体坐了好几天。尸体被发现的时候已经臭在床上了。

阿鹏一听，差点晕倒在地上。一想到自己天天睡的屋里曾经放着两具腐烂的尸体和一个疯女人，谁还能正常？怕老婆承受不住，阿鹏没敢把这事跟老婆讲。

第二天两个人就急慌慌地迎接看房者，笑脸谄媚得令人疑惑。

皇天不负苦心人，终于有一对渴望有家的小夫妻冒冒失失地签约了。看到对方那个高兴劲儿，阿鹏和老婆内心深处也划过一丝愧疚，但很快就烟消云散了。

阿鹏对自己说：“人不为己，是吧……”

房子卖掉之后，中介的电话还是一直不断，这种情况叫“留电话后遗症”，买卖过房子的人应该都有数。也是合该有事，阿鹏有天出差路上无聊，接到一个中介电话后，就和他聊起来，假装房子还没有卖掉的样子，想和他聊聊行情。

对方提出了一种新的卖房方式，叫作：独家房源。

说白了就是阿鹏的房子只在这一家中介挂牌销售，不再联系其他中介。如果两个月之内没有卖掉，中介就赔偿阿鹏2000元。

还有这等好事？阿鹏不禁疑惑，问中介：“你们为什么要做这种不合算的买卖？万一没卖掉，不是白给我钱，亏死了。”

“唉，还不是为了避免恶性竞争嘛。”中介说道，“有时候房源多给几家中介不是好事，他们在卖不掉你房子的情况下，会故意诋毁你的房子，来抬高他们可能会卖掉的房子。比如虚报你房子的价格，再比如造谣说你的房子是“凶宅”什么的。他们会说，‘哦，那个房子啊，我们也有他家的房源，也可以联系房主，但我们为什么不联系？那是个“凶宅”，我们绝对不推荐。’就是这种方式。”

“凶宅”二字像一道光，在阿鹏的心里闪了一下，他突然萌生了一个奇怪的念头：“凶宅”是可以造谣的，那么他们刚刚压低价格卖掉的房子，是不是这样诞生的凶宅呢？

阿鹏坏就坏在是个双子座，凡事刨根问底，他又回到了原来的小区，找门卫和邻居聊天，想问问他们是不是亲眼看见过那场命案，结果是大家都没见过。门卫说那是三年前的事了，他是一年前来这里的。但邻居阿姨是五年前住进来的，她也说没见过，说那是十年前的事了。还有一开始就住在这小区的人，他的回答更有意思：“不是这小区起房时候的事，是上个小区，被拆的那间出的事。”

说到底就是，大家都说有，但谁也没见过。

这一连串的回答让阿鹏哭笑不得。当晚回家去百度，也没有得到任何此房“凶宅”的消息。

关上电脑，戒烟很长一段时间的阿鹏再次点起了一支烟，细细地考虑问题出在哪里。为什么当初那么草率地就相信这是一间“凶宅”？为什么如此匆匆就把房子出手呢？

说到底，就是因为两个字：恐惧。

一想到“凶宅”，一想到鬼，人类就难以克服那种恐惧，更会在恐惧中失去理性。这就是“凶宅”的威力，无论它是不是“凶宅”，只要给它一个故事，一所吉房也可以把故事演绎得生动出彩。

现在想来，那些莫名其妙打开的门、阳台上飘着的衣服、半夜的哭声都可以解释的，但他们错过了开解自己的机会，走向了另外一个极端。

阿鹏没敢把这事再告诉老婆，怕她承受不住这个压力，但他下了决心：下次再买房，一定要问清邻居，这是不是“凶宅”。

不是怕真“凶宅”，而是怕那些被造谣过的假“凶宅”。

怕的不是“凶宅”里的鬼魂，怕的是那些传说对正常生活造成的巨大威胁。

这，才是一栋房子的最可怕之处。

小贴士

1.买房或租房前，一定要主动询问中介是否有“凶宅”的可能性。别担心，不会有人嘲笑你。但如果你不主动问，也不会有人告诉你。关于“凶宅”，目前没有相关的法律保护，也就是说如果你真的买到了“凶宅”，房主也没有退钱给你的义务，只能自己承受，所以自己要长个心眼儿，除非你的胆子特别大。

2.买房之前要多看，注意一些角落。如果房子是“凶宅”，房主可能会采取一些非常没道理的方法来驱避，比如墙角撒米、供神像、贴符条之类的，这都是暴露真相的线索。

3.中介为了促成生意，往往不会告知实情，那么向小区门卫打听，或者向邻居打听，都是不错的方法。也许你会说：“他们恐怕以讹传讹，把好好的房子说成‘凶宅’。”但请相信我，如果一栋房子本不是“凶宅”，被人传成“凶宅”，你也不会敢住的，趁早放弃吧！说到底，我们并不是封建迷信，真相信“凶宅”、鬼魂的存在，而是担心那些传说会影响正常的生活。心魔才是最恐怖的。

4.未买房前要关心凶宅问题，但如果已经买了，看完本文不要再刨根问底、突发奇想去打听自己房子的来历。有些事多想比不想更可怕。

5.最后想说的是，此故事为半虚构性质，并非本人亲身经历，是从旁人那里听来并加以演绎的，如有雷同纯属巧合，请不要与身边的人和房对号入座，并在此预祝大家都能买到风水宝地的吉利好宅。

小归纳：低价房陷阱有哪些

总的来说，本章的事例都在告诉我们同一个道理：买错房往往比没买房更可怕。

没买房，至少资金还在我们手里，还有很多选择的机会；但买错了房，后悔的成本太大，很多人都难以重新开始。

那么，到底哪些房才是“错房”？本质上说，房子没有对错之分，只有是否适合之别。难以一概而论，也难以从中抉择。但根据许多买房者失败的经验来说，低价房中招的机会更多。

低价房的陷阱有哪些？

一、先天不足房危害指数：★★★

有些房子之所以便宜，是因为房子本身有种种不足，比如采光不好，房子前方有遮挡或楼间距过低；比如朝向不好，非朝南户型，或上风向有异味发出源；比如楼层太高或太矮；比如户型非通透式，外窗少，天井窗多，通风不畅，等等。

先天不足房并非不可接受，因人而异。如果性价比高绝对可以考虑，但所接受的“不足”必须是自己不在乎的，房子的事儿不能太凑合，因为会严重影响幸福度。

二、烂尾房危害指数：★★★★★

烂尾房是低价房里最要命的一种，一般出现在实力不强的小开发商所开发的期房。房子要价低，蓝图宏伟诱人，引许多人掏出多年积蓄购买。一旦开发商资金链断裂，或者干脆就是无良商家，那么房子就烂尾在原地，没有房子也拿不回购房款。多少人被坑得血本无归，例子比比皆是。

即使有政府强行介入，强行接管续建，也无法按照原合同时间交房了，期间在外租房或无法出售旧房的损失无法细数。所以烂尾房是最大陷阱，买期房之前一定要多次验证开发商资质，避免“打一枪换一个地方”的野开发商。

三、配套差危害指数：★★★★

有些房子质量没有问题，户型不错，开发商好，进小区环境也优良，但为什么便宜？这时候就要在小区周围看看了。

一看是不是交通不好，周围是否有地铁和公交站？不要以为自己是开车出行交通就不重要了，毕竟总有两条腿外出的时间，而且交通太不便利也会影响将来房子出手。

二看是不是没有生活配套设施，周围是否有医院、超市、邮局、菜市场，生活起来这些东西都太重要了。

三看是不是没有学区，如果是有即将上学的孩子，那没有学区的房子绝对要慎重考虑。

四、小产权房危害指数：★★

关于小产权的问题，一直以来争议很多，产权到期后将如何处理，大家都不清楚。怀着中国人求稳的心态，大多数人不倾向小于产权房。不过到底是否能够购买，未来产权问题是否成为隐患，目前都是难以预测的。

小产权房中，有一种叫作“商住两用”的房子，相比其他小产权房来说更值得大家注意。上文中我们也提到过了，商住两用有优点，缺点也非常明显，购买时即使低价，也要多加考虑，是否能够承受小产权，高昂的水电费、物业费，与商业用户混居的生活环境。

五、凶宅或不吉之房危害指数：★★

凶宅，定义不解释。至于凶宅的危害程度是因人而异的，有些人不信邪祟，即使躺在坟地边儿也照样睡；有些人很信邪祟，稍有异动就坐立不安，难以正常生活，所以危害性实在难以评估。

绝大多数人都是介于“不信”和“很信”之间，所以我们对凶宅还是要多加注意。如果一套房子在上述几方面都没有问题，价格却偏低，那就要考虑是否有凶宅的可能性。被蒙蔽购买凶宅后，在法律上是得不到保护的，只能预先将危害掐死在萌芽里。买房前多打听邻居，上网查查相关消息，并且多观察房子本身，都是很好的预防办法。

此外，除凶宅之外，“不吉之房”也要慎重，比如离火葬场、墓地、医院比较近的房子，虽然不一定带来不祥的效应，但毕竟会对心理有影响，也不利于未来房子的升值和出手。

六、二手套路房危害指数：★★★★★

如果一套房子是二手的，上述所有的问题都不存在，但就是远远低于市场价，那就要小心是“二手套路房”，说白了就是骗局。世上没有无缘无故的爱，也没有无缘无故的低价房，骗局的可能性很大，小心为上。

以上就是本章内容的小总结，希望大家可以绕过所有“错房”元素，买到性价比高又中意的好房子。

小贴士

技术问题已经写了整整一章，所以本节小贴士不想写技术问题，而想劝大家一句话：即使不幸购买了“错房”，也不要灰心沮丧，一切都有重来的可能，相信自己，相信幸福。

第二章

租房or买房，你都可以更幸福

房子里的人，比房子更重要

房子，能够带给你的最大收益是什么？

欧紫枫说："是让我看清一个男人。"

诚然，欧紫枫从租房、买房到装修，越来越看透一个男人，也越来越看透人情。

一、租房，是对男人生存技能的最大考验

2006年，欧紫枫到北京租下了第一间房，和男友一起，搬进那间位于五环外的出租屋。一套三室两厅分租给四户人家，共用一个厨房和两个卫生间，墙上都是斑驳的壁纸，门框丝丝漏风，屋里的衣柜门要轻开轻关，否则门扇随时有砸下来的风险。

就是在这样的房子里，欧紫枫和男友开始了同居生活。欧紫枫把行李卸下来开始打扫，男友则对着敞开的窗子大吼三声："北京我来了！"然后扑到桌前，支起笔记本，迫不及待地联网打游戏。男友的梦想是在北京开发一款优秀的网游，"这工作很赚钱的，将来一定能养你。"到北京之前，男友这样信誓旦旦地说。

彼时欧紫枫只有22岁，她选择相信，而且是幸福地相信。

那天晚上欧紫枫费尽九牛二虎之力才将小小的出租屋整理好，再拐到厨房去煮一碗面，这时候欧紫枫听到隔壁的房间里传来了小情侣令人羞羞的声音，欧紫

枫红着脸跑回来跟男友说："这房子隔音不太好，等有时间要找点东西把门缝都堵一堵啊！"男友说"好"，还是继续打游戏。

后来，欧紫枫还发现出租屋一连串的问题。比如离他们最近的那个卫生间里，洗衣机就放在淋浴旁边，需要加装阻水条，否则有漏电的危险；比如阳台的晾衣竿根本不能用，最好再买个落地式的；比如空调孔朝北，好大一个洞，冬天呼呼地灌风……这些问题都是租房时常见的问题，需要动手一个个亲自解决掉。但在这场动手的战役里，欧紫枫没有战友，只有自己，男友只会打游戏，他说："我忙着，你看着办吧！"

欧紫枫是这么安慰自己的：他有理想，需要用有限的时间去积累更多的灵感，不要去打扰他吧！

不过，总有一些问题单凭欧紫枫一个人是搞不定的，合用的厨房长期被一个凶神恶煞似的女人霸占着，欧紫枫回家先煮上饭，不一会儿再回来，发现电源已经被拔掉，换上那个凶女人的饭了。两个人为了做饭的问题吵得不可开交，整个房子里的人都听到了，后来凶女人的男友出现，双手一推，欧紫枫就被推到墙角去了。

那男人说："你怎么那么矫情？要是看不惯，你有本身自己买房子住啊！"

欧紫枫号啕大哭。即使是这样，坐在屋里打游戏的男友还是没有出来。欧紫枫不相信他没听到，也许他只是不在乎、不关心，还有可能是他根本不适应这种合租生活的弱肉强食，所以畏惧地装作没听到。

欧紫枫蹲在角落里想了很久，终于下定决心离开他。欧紫枫回到卧室，男友已经把耳机摘下来了，看到欧紫枫的红眼睛，他说的第一句话是："你怎么那么能惹事啊？"

即使欧紫枫原本想走的心情只有百分之八十，现在也已经是百分之百。

分手也不那么顺利，既然分手就不能再同租在这里，而退租是做不到的，只能一个人接着住，另一个人搬出去另找房子。欧紫枫有固定的工作，考虑到男友开发游戏收入不稳定，愿意把房子让给男友，但男友不干："你想得容易！把房子丢给我，下个月我哪交得起房租？"

欧紫枫气得不行，自己明明是让着他，他还倒打一耙。欧紫枫说："那行，你搬走吧，我来租这套房子，我自己负担得起。"

"那怎么能行？我搬出去住哪儿啊？"男友又是一瞪眼。

欧紫枫真是哭笑不得，她突然明白一个道理：在租房的残酷生活里，男人的帅气、可爱、才气、幽默全都没有用，生存技能、经济能力以及吃苦耐劳的品质才是最重要的。

一个男人会讲全本的笑话，也不如他会补门上的缝子重要；

一个男人会跳优雅的探戈，也不如他能够替你与合租伙伴吵架重要；

一个男人会写几千字的情书，也不如他在关键时刻掏出钱包承担房租重要。

这是租房给我们的考验。

最后，欧紫枫给男友多掏了一个月的房租，拎着自己的箱子走了出去。她觉得仁至义尽了，也算好聚好散吧！

二、单身公寓，他和你的距离不只是一堵墙

离开男友后，因为多花了一笔"分手费"，又无法要回租房的押金，所以欧紫枫着实苦了一阵子。曾住过地下室，曾住过八个人上下铺的大通间，还被混住的男性骚扰过。好在这些日子很快就过去了，欧紫枫是一个努力的人，而北京这样一个竞争激烈的城市，对努力的人是格外优待的。

2008年，欧紫枫终于得到了不菲的薪水，不再为几百块钱的房租而斤斤计较。考虑到闲时少、做家务精力不够，以及对安全感的格外渴求，欧紫枫选择了朝阳区的一处单身公寓作为自己新的租住地。

彼时，在北京这种单身公寓还没有现在那么普及，一层楼，二十几间，每四间为一组，共用一个客厅，但每个人屋子都有独立的门锁和卫生间，客厅和落地窗的大阳台只作为公共空间。每天定期有人打扫，并提供已经烧好的饮用水。欧紫枫住去的那天晚上，突然意识到生活还可以这么美好，可以住在如此豪华、干净的房子里，难道还有什么不幸福？

不，她隐约觉得不幸福，因为自己的房间里，还少一个人。

欧紫枫从来不后悔与之前爱打游戏的小男友分手，因为后来小男友又来找她几次，想复合，其实是想向她要钱来付生活费。但是欧紫枫住的比他还差，他来了几次也就不来了，这样的男人，在家乡的时候是完全看不出来的，只有残酷的房子的考验才能让他现出原形，离开他真是万幸。

但欧紫枫的心灵还是空虚的。

很快，合租的室友李家骏走进了欧紫枫的世界里。他住朝北的房间，有时候通过打开的门缝可以看到那房间里简洁的黑白灰三色，能够想象这是一个非常理性的男人。有时候欧紫枫会捧着本书到公共空间坐着读，那男人也会端着杯热水坐过来，一来二去就认识了。

认识之后，就会聊理想、聊文艺、聊哲学。李家骏在IT行业工作，是传说中的高薪一族，他之所以爱住这里是因为怕麻烦，这种合租的单身公寓最适合极简主义者。欧紫枫心里涌起了对这个男人的崇拜，而且心里想着：这才是优秀男人呢，之前的小男友太幼稚。

两个人开始恋爱了，在这种公寓里，恋爱是一件很轻松的事情，因为二者既可以很亲密，也可以很有距离。亲密的时候，欧紫枫可以带李家骏到自己的房间里，想保持距离的时候，关上门他们又是彼此分隔的两家人。

是不是很完美？

如果欧紫枫没有生病的话，那一切真是太完美了。欧紫枫得了肠道感染，不停地拉肚子，听说还会传染。偌大的城市里，只有生病了才真正觉得孤单，欧紫枫想起了与自己一墙之隔的李家骏，拨通了他的电话。

李家骏听说了欧紫枫的病情，很严谨地问她是否去了医院，是否吃药，是否需要挂水，然后就劝欧紫枫安心静养。欧紫枫一心盼着李家骏下班之后能够来看望一下自己，于是躺在床上竖着耳朵听。她似乎听到了李家骏回来的声音，但他的门关上之后就再也没有打开。

因为他们是有距离的，毕竟是合租，没住在一起，关上门就自成体系，两无挂碍。

欧紫枫什么都不能吃，除了绵软的粥，而自己又没有力气爬起来煮，诚然可怜。她不好意思直白地跟李家骏讲，只好故意在QQ状态上写了一条，大家都表示了关心，包括李家骏，但没有人送粥来。

一墙之隔，他知道她要喝粥，还是没送粥来。

欧紫枫这才明白：他向往的极简生活并不限于单身公寓，还包括情爱关系。他们可以聊天、可以亲吻，甚至可以做爱，但当她生病了、有麻烦的时候，他希望她不要来找他。

她和这间公寓的性质是一样的。

高级单身公寓的合租往往会给人以非常美好的假象，进而发展出爱情。因为这种相处模式既有距离又很亲密，几乎是一切情侣都想要得到的。但这样的关系也最考验一个男人，他也许会在你最需要的时候，突然拉开距离。

后来欧紫枫瘦了好几斤，但终于是健康地活着从自己的房间里走出来了。她给自己好好地煮了一锅粥，暖暖地吃下去，然后再也没有去主动找李家骏，也没有约李家骏到自己的房间来。

好在，李家骏也没有再提出亲密的要求。极简生活的男人，也贵在识趣。

这段感情就像这片单身公寓一样，便利、得体，但好像就是不那么可亲、不那么接地气。

三、买房，男人最势利的一面也许都给你看

出了上次的事之后，欧紫枫对单身公寓的好感度不那么高了，对其他的合租形式也不再有兴趣。如果整租，一来有危险，二来把高额的房租都拱手送给房东似乎也没有必要。所以欧紫枫动了买房的心思。

买房，说起来很美好，实施起来是要大量金钱的。欧紫枫不再关心爱情，一心赚钱。说来也幸运，负责的项目做得顺风顺水，欧紫枫的业绩一路上升，又在高层的斗争里两不站派而得到新领导的重用，多接了几个项目，一跃年薪进入了6位数。

在2011年，欧紫枫决定要买房子了！

这种好消息自然要先跟爸妈说一说，没想到爸妈听后并没有很高兴，沉默了

一会儿，他们说："当初你和小旭（游戏小男友）一起去北京，你把人家甩了，不要人家了，现在人家小旭回来好几年了，在咱们这儿的银行上班，媳妇都怀孕了。"

欧紫枫听着这话刺心，心想这跟小旭有什么关系？更何况也不是自己甩的他。但很快爸妈又有话接上了："你一个女人，光想着赚钱是没有用的，重要的还是结婚。买房我们不是不同意，这是好事，但是买房之前你能不能先找个对象？有了对象，定了亲，然后再买房，成家立业，我们也就放心了。"

爸妈的安排倒也不过分，老爸同事的儿子也在北京打拼，和欧紫枫年纪差不多，可以考虑认识认识。欧紫枫本想拒绝，但想到自己手头也有钱，长得也好看，有什么自卑的？为什么不找个男人？

就这样，欧紫枫和张伟认识了。

和张伟认识的过程既然这么"传统"，未来的发展也就格外按部就班。其实欧紫枫真搞不懂自己到底喜欢不喜欢张伟，这个人不错，稳重忠实，工作也勤奋，长得不美不丑，属于掉人堆里找不到的类型，倒是做老公的好人选。

要不然……就进一步？

欧紫枫提出进一步，还提出了自己想要在北京买房的想法。张伟听了之后很高兴，他说："我手里也攒了一笔钱，一个人在北京买房压力很大，如果咱俩一起，那倒是可以合作共赢呢！"

买房也许是两个人爱情的第一个增长点，至少都有买房的兴趣爱好，接下来的约会就不那么尴尬。欧紫枫和张伟迅速加入到周末看房的大军当中，周围都是看房的小情侣，气氛带动得他俩也有点你侬我侬的意思了。

不过，还是高兴得太早了。当他们看中了地段、看中了开发商之后，新的矛盾出现了。欧紫枫倾向于一室一厅（北京房子实在贵，一室一厅不错了），这样贷款压力不会太大，结婚和买车的钱也不至于捉襟见肘，但张伟坚持要两室一厅，即使是朝向差、楼层差他都无所谓，反正是二室一厅就行。

"何必非要二室？搞得自己压力那么大，咱们也用不着住两间房。难道你是想着哪天咱们吵架了，你不至于睡沙发？"欧紫枫强笑着幽了一默。

但李家骏没有幽默的意识，他思考了一会儿，很认真地说："既然这样，我把实底交给你吧。我想要两室一厅，是准备将来接我爸妈过来住。他们养我长大不容易，现在我在首都有房子了，怎么能不带他们来感受一下首都的气氛？这样爸妈脸上也有光。"

"呃……你准备接爸妈来？"欧紫枫想了一下，张伟的爸妈还年轻，用不着接到身边来照顾。不是她不孝顺，而是北京确实生活压力大，爸妈来后，医疗保障就是个大问题。而且如果强买两室一厅，再加老人的生活负担，日子会很难过的。欧紫枫只好又幽了一默："你啊就是想太多，那按照你的意思，是不是应该买三室一厅？我还得接我爸妈来呢！"

"你爸妈不能来，我的意思不是不能来，而是你爸妈没道理在咱家长住。我是男人，你是我家的媳妇，当然是我爸妈来住了，你要尽孝道。你爸妈嫁女儿，嫁出去了，为什么还要住在我家呢？更何况房子这么贵，一室要多少钱啊！"

这时候你想起房子贵了！听完这套重男轻女言论之后，欧紫枫气得说不出话来。她说不出话，张伟还以为是她默认了，于是接着说道："还有，买完房子之后，装修就由我爸妈来做主了。我妈一直有个愿望，希望能够做主我新家的风格，所以我希望都听我妈的。"

"大哥，这房子不是你家出钱买的，我也出钱了，那是我奋斗的积蓄啊，我连发言权都没有？"欧紫枫已经快要颤抖了。

"你当然有发言权啊。现在不就让你发言吗？但是欧紫枫，你是女人，嫁进门你要贤惠，你将来就是我家的人了，你的积蓄不就是我家的积蓄吗？怎么计较那么多？"张伟一本正经地说。

欧紫枫强忍着没有把桌上的看房图册摔在张伟的脸上，她只是笑着说："我奋斗这么多年都成你家的了，我什么都没有？那我还是自己去买一套房子，自己生活吧！"

欧紫枫转身离开了。

回家之后欧紫枫就向父母宣布了分手的消息。本已经等着招女婿的父母听完欧紫枫的回复很生气，说欧紫枫不懂事，又闹小脾气，这么好的男人都不要，想找什么样的？无奈之下欧紫枫只能把张伟的言论都跟爸妈说了一遍。爸妈听完之后也没有作声，更不再劝了。

接下来的一周，张伟一直打电话来，但并非是认错，而是向欧紫枫解释自己的人生观，说服欧紫枫接受他的“正确家庭观”。欧紫枫受不了，拉黑了他的号码，再后来这段感情不了了之。

一个多月后，欧紫枫又开始自己看房。独立负担房价当然要看比以前更加偏远的地段了，但欧紫枫自得其乐，因为喜欢不喜欢都是自己的，负担不负担都是自找的，这样挺好。

有时候欧紫枫真的挺感谢买房子这件事的，只有买房子这件大事才能让她看到一个男人的真正面目。平时百十来块钱的事儿，男人很可能让着你，但房子是笔大财产，是笔不可出让的利润，只有面对这样的利润时，才能看到一个男人对钱、对房、对你的真正态度。他的势利不势利，他的自私不自私，他的伪装不伪装，都禁不住买房子这种大利润的冲击。

所以欧紫枫想：房子真是个好东西。

四、好男人和好房子一样，只要对了楼盘，不怕晚

欧紫枫是在2012年买到心仪的房子的，彼时房价已经很高，但欧紫枫自信买到了自己真正想要的。

接下来一大步就是装修，装修这种事费心费力更费财，欧紫枫的经济压力已经很大了，又不想委屈自己用劣质的材料，所以余下的时间大部分都用来逛建材市场，找男人的事情更是放在一边，完全顾不上爸妈天天催着“你快30岁了，快30岁了”。

这天欧紫枫正在家具城挑复合地板，店里的灯光很黄、很失真，欧紫枫想搬一片地板到外面的自然光下试色，但巨大的地板蛮沉的，欧紫枫自己抬不动，店里的店员一时都腾不出来。就在这个时候，有个男人走过来，帮她抬起了地板的另外一边。

欧紫枫抬起头，和那个男人对上了眼：“是你啊！”

真巧，欧紫枫买房那天看到的男人，订了和欧紫枫一样的小户型，今天买地板居然又遇到了。见过两次面就算是熟人了，欧紫枫干脆拜托这个男人帮自己多搬几块地板去外面试色。

“果然啊，店里店外，光线不一样，颜色就是不一样。明明这块在店里好看的，放在阳光下面就不是了。”欧紫枫抱着手臂感叹道。

“如果你想要这款复合，我觉得你倒不如选个同等价位的实木多层。”身边的男人突然说话了，“你看的这款复合是挺好看的，但它毕竟是复合啊，而且也不便宜，用这笔钱上个实木多层的地板，看起来不是更高档吗？关键是也很环保。”

欧紫枫认真地琢磨了一下男人的话，又扭头回店里去看了几款实木多层，安全不顾身后男人苦着脸又把几块大地板搬了回来。事后欧紫枫想过：她之所以这么肆无忌惮地使唤这个男人，可能是第一次见面就觉得亲切吧？

这是一种缘分。

后来欧紫枫再三比较，决定采用男人的建议。确实复合地板初看漂亮，但细看久了，木纹较为机械，不如实木那么有质感。这时候欧紫枫才想起来：“你叫什么啊？”

“李枫。”男人又蹲下来看地板了。

名字都这么有缘分。

那天下午俩人都在为各自的家看地板，讨论彼此的想法，甚至批评对方的意见，不过总目的都是为了又省钱又好看。以至于导购员以为他俩是一家人，等到他们要订地板的时候，导购员只拿着一张单子来了。

“两家的。”欧紫枫和李枫都笑了。

“哎，都一个小区，都要一样的地板，那真是缘分。”导购员也笑了。

欧紫枫心里动了一下，感觉脸发热，恐怕要红。但李枫却非常有分寸，立即问：“两家都订这款呢，赠品总要有吧？”然后要来了一人一床冬被的赠品。

欧紫枫感叹：这才是装修高手。

后来欧紫枫和李枫互留了联系方式，装修一步一步都是两个人参考着来。

李枫总体上比欧紫枫装修水平高一些，但欧紫枫本着“女人的直觉”以及“第六感”等武器，也为李枫的装修提供了不错的参考。

当房子装修好的时候，欧紫枫和李枫的火花已经快要着起来了。

说是“火花”也不算准确，因为他们自始至终没有什么火花，而是平凡地进行着装修房子的伟大事业。彼此都看到了对方的踏实、勤劳、善良以及小小的狡猾，认定了彼此都是会过日子的人。

李枫的房子先一步装修成功，请欧紫枫到家里温锅，然后就在这个很朴实的晚上向欧紫枫求婚了。

当时欧紫枫是这样想的：一个男人如果能陪着你把房子装修完，那估计过日子已经没有啥问题了。更何况……自己吃了人家的饭呢，不答应不好吧！

然后欧紫枫就答应了。

尾声

这就是欧紫枫的故事，从租房到买房到装修，她从一个懵懂无知的少女，成长为一个商场高手，也成长为一个3岁孩子的妈，一个漂亮的贤妻良母。

她是我的学姐，目前正读着MBA，老公赚钱她进修，生活、事业、学习、爱情都风生水起，大家都说她真是“找着”了。但我听完了她的故事，才知道这一切都不是靠运气得来的。

她也曾吃过苦，也曾住过坏房子，也曾遇到渣男，但幸运的是，她可以通过房子来考验这些男人，筛去差的，留下好的。

所以，房子有时候不是最重要的，房子里的人才是最重要的。无论你是租房还是买房，都不妨用它来考验一下你的男人，这是一块极为灵验的试金石。

小贴士

1.租房、买房以及装修，都很辛苦很烦琐，所以最能考验一个男人。如果一个男人在租房遇到麻烦、买房矛盾冲突、装修费心费力的时候都没能给你好好表现，那么留下房子，踢走那个男人吧！

2.换一句话讲，房子确实是生活的保障，但上文的故事却告诉我们：房子里那个人，才是你生活是否幸福的最重要保障。

女孩，为了房子真的不值

晓煜是地产中介，目前已有三年的工作经验。在这三年里，她不仅经手了许多昂贵的地产，更见证了许多购房人的分分合合、喜怒哀乐。

一

元旦刚过，店里来了一对购房者，一男一女，女的是晓煜之前联系过的客户。晓煜急忙拖出椅子来给客户坐，不承想当时店里人多，空椅子只有一把，晓煜眼睁睁地看着那个男的大咧咧地坐了下去，女的就站在一边，一脸谄笑地看着男人。

“哪套房子你看中了啊？”男人问。

“这套。晓煜啊，前几天我看中的那两套，你给我老公详细介绍一下呗？”女人急忙说。

晓煜一眼就看出，这家里真正点头拿主意的绝不是女人，而是那个坐在椅子上不可一世的男人。晓煜业务熟练，立即翻出本子，找到女人的目标房型，给男人一五一十介绍起来。

“老公，你说怎么样？”女人的声音里全是讨好，因为是站着，所以腰弯得很低。

“你看了这么多天，就看了这么几个玩意儿啊！做啥啥不行，说的就是你！”男人很大声地呵斥女人，店里其他人都听到了，纷纷转头来看。

女人的脸红得不行，连晓煜也脸红起来了，这是间接地批评晓煜工作不得力啊。晓煜试探性地问：“先生，您觉得这两套房子哪里不合适？”

“性价比太低，这破地段要这么多钱，开玩笑！又没有地铁！”

这是学区房啊，晓煜心里有个声音说，但她没有讲出来。多年与客户打交道，她知道这男人是典型那种对房子一点不懂却又要愣充内行的类型，与这种人沟通讲理是没有用的，只能一个一个房子带他看下去，让他逐步懂得市场行情才行。现在最重要的是不要惹怒他，别让这个客户跑了。

于是，沟通结束后晓煜客客气气地把男人和女人送走了，但从此一直保持与女人的联系。地产中介分为两种，一种是租房的，一种是售房的，售房利润远远高于租房，成功交易率远远低于租房，所以一个客户联系很久却没有成交是常事。晓煜既然选择了做售房业务，心态就要好，怀着平常心去沟通，她渐渐对这个女人有了进一步的了解。

晓煜了解到，女人叫栾兰，硕士毕业后当上了高中老师，工作稳定，口碑也不错，男人是做批发水产生意的，平时很忙，大专文化。

晓煜并不是想以学历分人，但晓煜确实为女人不值，无论颜值还是素质，栾兰远远超出她的老公，而且她老公似乎并不怎么疼爱她，为什么在相处过程中那么卑微呢？

后来有一天，晓煜没忍住，暗示了一下栾兰：买房问题上，你老公的态度不是很好呢！

这一句开启了栾兰的苦水倾诉之门，原来栾兰也知道老公对自己不好，尤其爱在别人面前不给面子，在场人越多越爱给她脸色看，满足自己大男人的虚荣心，让她很受不了。

但她必须要忍：“你知道的，这个城市房价涨成什么样子，别看我是个硕士，当老师挣不了什么钱，父母条件也不好，想买房子就得靠他。这年头，找个能给你买房的男人不容易，别的也顾不上了。”

晓煜在手机这头看得辛酸，真想敲一句“为了房子，搭上一辈子的幸福，不值啊”，但是想了想还是放弃了，毕竟一套房子就是一套房子，自己的劝说很无力的。

晓煜觉得这个世界有点灰暗。

后来，栾兰和老公买到了合意的房子，不是晓煜的房源，但晓煜还是发微信对他们表示了祝福。

“希望你们幸福。”

“谢谢你。我更希望。”栾兰回复。

二

世界亮起来是在清明前后，晓煜的客户里有一对夫妻要签约了，晓煜从中能抽到2万元的提成，对于晓煜来说像过节一样。其实这对客户她受之有愧，是之前一个姐姐接过来的，因为她不做了客户才转到晓煜手里，晓煜对这两位客户并不是很熟悉。

办贷款的时候知道，女的是个景区售票员，男人是外科医生，一看二人的工资，简直天壤之别。但是，从最后验房到办手续，男人都任劳任怨地给老婆拎包，房子落老婆的名字，什么都听老婆的。在晓煜看来，他虽然是个外科医生，但买房的全过程都是女人在“主刀”，男人看老婆的眼神全都是仰慕和骄傲，他最爱说的是：“我媳妇看中的，没错”。

晓煜惊异于这个相貌平平的女人是如何得到一个如此优秀的男人的爱慕，女人却也没有更多的经验分享，她只是说：“我们俩终于买到房子了，你不知道啊，我们曾经住在13平方米的小屋里，一住就是9年啊！要不是吃得起大苦，怎么买得起600多万元的房子？现在可算熬出来了。”女人看着男人的眼神里，也全都是幸福。

作为一个敏感的人，晓煜不由得会把这一对儿与栾兰夫妻俩联系起来。栾兰一结婚就会有房子，但老公却视她如敝屣，这对夫妻虽然结婚9年都住在“蜗居”里，但女人得到了男人的尊重、爱慕，最后也得到了那套她想要的房子。

所以，婚姻初始就为了房子而放弃自我，真的值得吗？

三

国庆前后，晓煜接了一对特殊的客户，双博士。之所以特殊不是说他们学历高，而是搭配的原因独特。在这个城市里很难得到一纸户口，但有一条政策：夫妻二人都是双博士就可以顺利得到户口。

这对男博女博就是抱着“结婚有户口”的目的结婚的，有了户口之后再买一套房，等房子升值、婚姻期限过后再离婚，房子一卖，用增值的钱再去各买房子，户口也都有了，皆大欢喜。

他们说出这些计划的时候，冷静得就像在说别人的事。晓煜则像是听天方夜谭。

“你们……真是这么想的？”

“岂止真的这么想，我们就是这么做的。有什么好的推荐吗？”

针对他们的需求，晓煜迅速筛选出了合适的房子：要两室，因为他们没有爱情，不想发生肉体关系，也就不想共处一室；将来要易于出手，所以要选择地铁或其他交通便利的地段；不要商住两用，不用考虑学区等。几套房子看下来，两位博士很快就有了目标。

高学历就是有效率，半个月之后二人就签约了，中介费也是一口价，让晓煜还价的余地都没有，只留下心里暗暗的佩服。一切手续做好之后，晓煜送二人离开店面，他们都要去各自单位工作，出门时一个向左一个向右，相敬如宾地互相道别，转头离去。

不能想象这两个人未来要同住一个屋檐下，完全没有感情，甚至……没有想要发生感情的念头。

晓煜知道将来有一天他们会离婚，那个时候男人也许还好，但女人一定老了，虽然带着一套售房的巨款，却到哪里去寻找自己的幸福呢？

博士啊，知识女性啊，这样值吗？

晓煜再一次发起了思考。

四

整个思考是以栾兰的再次出现而告终的。

栾兰有一天出现在晓煜的店里，脸上十分憔悴，衣服也远没有从前亮丽，她拉着晓煜的手急问：“你们中介懂得多，有没有什么办法能在我老公不知情的条件下，把房子更到我的名下？”

“什么？”晓煜有点吃惊，待听明白栾兰的意思之后，晓煜很明确地告诉她是不行的，这是违法的。

栾兰几乎要委顿在地了，她说：“我老公出轨了，要清我出门。当初房子是买了，但我没拿钱，他也没写我的名，家具都是我搭钱买的，但是没有证据，财产分割的时候也没有用。我可怎么办啊？”

晓煜惊呆了。因为听了栾兰的话，感觉栾兰确实没什么办法。一个多么精明的男人，你图着他的房子去，他却能够一脚踢开你，让你连房子的毛都沾不到，还白白搭了家具。

最后晓煜只能说：“其实也不是坏事，这样的男人早点看开早点好，你这样的条件，再找一个好的呗。”

“对！”栾兰哭了好长一段时间，才抹了一把泪，咬着牙说，“我一定要找个能给我买更大房子的，气死他！”

晓煜无语了。

其实像栾兰这样的女人不在少数，为一套房子付出很多，却偏偏不肯付出自己的努力好好工作。晓煜本来还纠结是不是值得为了房子而委曲求全，现在晓煜坚定了自己的想法：无论是为了房子讨好老公，还是为了房子跟不爱的人结婚，女孩啊，一切都不值得。

没有什么比幸福更值得。哪怕是我们很想要很想要的房子。

小贴士

1.结婚买房已经成为趋势，但如果为了房子而委屈自己选择一个自己不爱或不爱自己的男人，真的不值。

2.即使男人愿意为你买房，在新《婚姻法》出台之后，婚姻财产分割也不再那么简单，很容易出现上文中“被净身出户”的现象，建议婚前做好法律咨询。

小情趣，大原则，提升高格调

前段时间网上流传一个段子，说某女花大价钱装修了一套漂亮时尚的三居室，却被婆婆强行挂进客厅的一幅大红色十字绣破坏了整体效果，简欧式风格瞬间转型为城乡接合部风格。

我怀着八卦的心情点开链接大图，果然，一间挺漂亮的小客厅加入了土气的装饰，还真是被毁得不要不要的。可见格调这种事情是很脆弱的，一不小心就可能被毁掉。

那么，如何才能保持并提升新家的格调呢?

我觉得，只要记住四个大原则，再重视几个小情趣，格调提升不是事儿!

四大原则

1.钱都花在刀刃上

“我装修花了不少钱，但别人来我家串门，怎么就不觉得很高档呢？”我的同事晓琼问。

原因很简单，晓琼的钱花得太分散了。

卧室里安装了极为高档的樱桃木大床，但前来串门的亲戚朋友都看不到；

阳台上安装了塞尚印象最贵的复古瓷砖，但谁没事总往你家阳台跑；

厨房装了我乐橱柜的高档台面，却很可惜目前为止没有留朋友下厨过。

昂贵的钱花在别人看不到的地方，又不能对来者一一解说，郁闷至极。

相反的是，晓琼对房子的重点活动区域不够重视：客厅的地毯多么重要，她随手在淘宝买了一块质量很差的地毯，一看就网购气息深厚；餐桌与客厅相连，出镜率很高，她却买了一个三合板的薄薄桌子，看起来极其廉价；尤其是客人来了必坐的沙发，张晓琼不知怎么想的，买了一个烂大街的庸俗花色，以至于每个客人第一眼就会被那“绚丽”的颜色牢牢吸引住目光，并对主人的品位产生深深的怀疑。

张晓琼对我指出的问题挺委屈：“我听人家说，要想真正体现格调，就要在那些难以被关注的细节下功夫，做在面儿上的都不叫格调。”

没错，好像确实有哪位大师曾说过，格调不是露在外面的，而是藏在别人不易发觉的细节中的。但对于我们银子不够花的普通人来说，这话真的只是说说而已，因为钱数有限，只能有效利用，把好钢用在刀刃上。如果把大量的金钱花在别人都看不到的细节上，而重点活动区域全部用廉价货，格调一定出不来。一个200元的沙发和2万元的沙发，带给他人的视觉冲击肯定不一样，家居的格调也就会产生巨大差异。

所以，装修想要提升格调，首先要坚持的原则是：一定要注重活动区域的装饰，比如客厅，比如餐厅，比如一切大家容易关注到的地方。

2.家居布置要平衡

我的同学梦梦是个挺有个性的人，喜欢出其不意，对装修也是如此。平心而论，她的审美真是相当不错，但装修之后常有人问这样问她：“房子是不是没装完？”

因为梦梦的客厅是明显的不平衡布置，一面墙壁上装饰了各种异国纪念品，另一面墙壁上空荡荡一片。梦梦是这么表述她的理念的：“我想要的就是中西文化碰撞的感觉。一面都是西方的绚烂的物质文化，另一面是我们古老中国悠远的留白。”

看看，看看人家这觉悟，打死我也想不出来。但是，佩服归佩服，真的不好看。试想一下，当你坐进一个客厅，一半是拥挤凌乱的感觉，一半是空白简陋的感觉，你会觉得温馨舒适吗？你可能也会问一句：“房子是不是没装完？”

所以，不是一切艺术理念都适宜应用在家装艺术中，“不平衡、不对称”就是其中之一。家，是人类灵魂和身体栖居的场所，需要的不是大量的冲击，而是平和。平衡就可以有效地带给我们这种平和，进而使我们觉得美，觉得舒适，觉得幸福。所以在装修的时候，无论有什么样超前的艺术理念，是后现代也好，是达达主义也好，是虚无主义也罢，都不要贸然实践，还是要秉承较为稳定的“平衡”布置的理念。

后来，梦梦受不了别人“没装修完”的质疑，对客厅进行了再布置，把一面墙壁上的装饰物合理移动到了另外一面墙上，家居也重新进行了平衡式的摆放，之后再来她家做客的人都会点头叹道：“哦，可算装修完了……”

梦梦一脸黑线，暗骂都是俗人，但她不会再改回去了。

因为就是好看，就是显得更有格调，没办法！

3.风格要统一

这个原则似乎与本书前文有些冲突，之前我曾讲过“风格真的没有那么重要”，但现在好像又讲风格很重要，难道是我分裂了？还是本书作者前后不一致？

不不不，本书作者前后绝对一致，虽然都指风格，但我想要表述的意思是：没有必要强求自己的新家装成某种风格，但要注意的是，当你的家形成风格之后，绝对不要加入凌乱的元素使它变得不再统一。

举个例子来说，如果你的家是现代简约的，那么偶尔加入一个中式古典大花瓶可能并不算太违合。但如果你的家是纯中式的，突然家里出现了一个巨大的断臂维纳斯，那恐怕就不太好了吧？再比如说，你的家本来是沉稳的欧式风格，突然来了一片小清新田园碎花墙纸，那也可能会让你时时觉得自己脑子出了问题。

所以说到底，强求风格没必要，但如果形成风格了，千万不要加入一些不和谐的元素。我们中国人强调“和谐”，宁可缺少一些装饰物或家具，也不可强行破坏和谐。

同样，一个浅色系的房间不要突然加入深色的大物件，粉色系的区域不要强行介入大蓝大绿，这都是对风格的把握。

4.脏乱差的房间没有格调

又回到了上一章我反复强调的那个问题：收纳。之所以再三提及，是因为它实在太重要，再漂亮的房子，哪怕是欧式大别墅呢，只要变得脏乱差，就不会再与格调二字挂钩了。所以装修过程中，一定要留出足够的收纳空间，收纳空间尽量不要透明和敞开。比如在客厅弄一个玻璃柜子，收纳空间是有了，但客人来的时候都能看到你外婆放在里面的假牙，那肯定就不格调了。重点活动区域一定要收纳好，井然有序，才能让客人的目光从杂物转移到你漂亮的家装上来。

三个小情趣

在这一节的内容里，大原则其实并不算重要，因为本书的读者们跟进到这一章，应该已经可以自觉把握住几个大原则了。而小情趣才是本节的重头戏，因为小情趣花的是小钱，添的却是大品位，显摆出来的是大格局。

1.点睛的饰品

没有饰品的家装是没有灵气的。

为什么中世纪欧洲贵族都要花大价钱买画？为什么中国的老式家庭都要挂一幅讲究的中堂？说到底，饰品才是主人品位的重要体现。如果你的家装修得高端大气上档次，却在墙上挂了一幅土得掉渣的印刷品，恐怕明眼人都看得出这是暴发户气质的装修。

所以，无论我们有没有艺术细胞，都最好选择一些点睛的饰品。

到底哪些饰品是点睛的？

一是画作。这是最普遍的装饰品了，但要注意的是，印刷品之类的不能算“画”，有些地摊上三块钱一张印着绚丽的山水图景、桃花盛开的也不能算“画”。最好能够购买“画”出来的，而不是“印”出来的，如果某些油画“画”出来的太贵了，也可以考虑与原作一比一喷绘的作品，“喷”出来的质感也不错。如果这个也难以做到，那么十字绣也可以，至少要比印刷品好得多。不过现在十字绣的图案鱼龙混杂，稍不留心就会买到如本节开篇提到的那种“杯具”作品，一定要小心再小心。

二是纪念品。我们总要去看世界的，看完世界之后总要怀着一颗有爱的心带回一些纪念品。旅游纪念品其实也是不错的装饰物，它放在角落里就像一个有待诉说的故事，不仅负责美，还负责纪念你曾去过的美好地方。一旦客人来了没话可聊，你还可以指着纪念品胡吹一通，也是乐事。不过现在纪念品的购买也有雷区，有些纪念品在所有景区都卖，以至于不知道是哪里的特产，比如那种铜质嵌假宝石的小镜子，比如那种看似很像景泰蓝的彩色手镯，这样的纪念品还是不要买了，即使买了也不要摆出来当重要饰物。

三是古董类。如果有真古董，那在不怕露富招贼的情况，摆出来是很有档次的。如果是假古董，那也不是不可以摆，但建议摆放形式不要过于慎重（比如弄个木头格子供着，黄缎子衬着等），那样反而会拉低格调。

四是地毯。地毯绝对是一个可以全面提升视觉效果的好东西，本来一个平淡无奇的客厅，如果铺上一块浓重原始气息的优质地毯，格调顿时扑面而来。本来是冰冷冰冷的环境，如果放置一块暖色的地毯，顿时温馨感倍增。巧用地毯是门学问，但不好细讲，毕竟地毯的材质和花色太多了，建议大家实地多看，慢慢摸索出地毯装饰的窍门。在此友情提示一下，如果从国外，比如东南亚等地购买地毯，一定要问清上面花色的含义再买，我曾有朋友不远万里买回的地毯，上面的图案居然暗示着“长眠安息”，真是铺也不是，不铺不舍得。

2.绿植与鲜花

点睛的装饰物可以给房间带来灵气，绿植与鲜花则可以凭借它们本就鲜活的生命给整个空间注入强大的活力。一个有绿植的房间和一个没绿植的房间，感觉完全不同，不仅在于那一抹绿色，更在于那绿色背后所暗示出的强大的生命力。

绿植一定要有，那么到底要买什么绿植呢？作为一个“养花杀手”，实在无法向大家做更多的推荐，只能请大家移步园林类书籍。但是我能够以惨痛的教训劝大家尽量从好养的入手，花形好不好不重要，品种贵不贵也没关系，养活了才是硬道理。

至于鲜花，我可有话说，目前市面上流行一种“一周一花”的业务，就是付款后每周会将鲜花送上门，品种和搭配是随机的，所以周周都会有惊喜。目前为止，我已经尝试过四家周花产品，良莠不齐，但总体上能满足我对鲜花需求，也比一般城市的花店便宜。鲜花的好处在于：这种美是宝石、雕塑都不可替代的，由于时效短，反而格外珍贵。如果友人来做客时，你家桌上有一束鲜花，那绝对是你热爱生活的重要体现。所以，如果想要用小钱来装点生活、提升品位，鲜花真是非常不错的选择，不仅成本低（不要订购太名贵的花材），而且变化性强，每周的鲜花不同，带给你的审美喜悦可能会多于墙壁上常年挂着的世界名画。女同胞们真的要试一试。

3.布艺配色

我们常说“这家颜色很协调”“那家颜色不协调”，实际上这种颜色的协调不协调，绝大多数取决于布艺产品的选择。比如客厅放着红色的沙发，铺着蓝色的茶几布，悬挂着绿色的窗帘，那么无论地板和家具的木色有多么搭配，都不会太协调。

家具和硬装的颜色无非那么几种，想要体现自家的风格及品位，就要多在布艺上下功夫。一般来说有三种方式：

一是撞色，比如布艺全部用黑和白、红和灰之类，有非常鲜明的对比感，给人以眼前一亮的冲击力；

二是同花色，这种很好驾驭，只要家里所有的布都是一个花色就好了，绝对没有人说不协调；

三是同色系，比如全部用橙黄橙红色布，全部用深粉浅粉色布等，这种配色需要一定的指导，建议选购布料时携带色卡，因为有些同色系布放在一起有轻微错色，反而更难看。

总而言之，当我们一步一步含辛茹苦地将房子的硬装完成后，在格调上绝对不能马虎。先坚持四个大原则，做到“无过”，再着力提升一些小细节，力求“有功”。相信我们这么努力会感动老天，最后会送来一个高格调的温馨之家！

小贴士

1.格调不是花大钱，而是小用心。所以调整心态，不必一听格调就觉得钱包一紧，更不要因为钱不多就放弃了对格调的追求。

2.再次归纳提升格调的小方法。原则上讲，家装风格要和谐，家具摆放要平衡，保持整洁，会客区在可接受的范围内尽量采购高档用品。细节上讲，增加一些精巧的装饰品，配合一定量的绿植，定期采购鲜花，做好布艺的配色。

3.最后提示一点：虽然小细节可以提升大格调，但无论是装饰品、绿植还是布艺（如空调套、沙发套之类）都不可过多，宁少毋多，适度最佳。

请给父母留一席之地

事例一　北漂，不接父母就是不孝吗？

李梅和段铭，均为北漂一族，2008年来到奥运风十足的北京，开启了人生的新篇章。

虽说是“人生新篇章”，却是以旧房子开始的，北漂族都能够体会在北京生活的种种无奈，租房紧张，房价畸形昂贵，住阁楼、住地下室、住全暗间都是常事。李梅和段铭也曾在“租好一点儿，提升生活质量”和“差租一点，多攒钱买房”中狠狠地纠结了一阵子，均出身小乡村的他们终于决定：咱们都不是富二代，不怕吃苦，租差一点，省下钱就能早点买到自己的房子啦！

目标确定之后，日子变得苦起来。好在二人工资都不算低，且因努力工作而呈直线上升。不过北京的房价也在升，工资与房价像是比速度似的，总让人叹息工作差了那么一丢丢。这期间他们办了简单的婚礼，放弃了蜜月旅行，一切都是为了房！

到了2015年，段铭和李梅终于具备买房条件了，家里能支持一下，段铭落实了户口，也看中了朝阳区五环外的一处房子。面积不大，40平方米，进门左手边就是洗手间，右手边是厨房，再往前走就是一个看似客厅的敞开空间，之后就是卧室和一个窄窄却朝南的阳台。麻雀虽小，但五脏俱全。李梅和段铭努力交完首付并办下了为期30年的贷款后，兴奋地跳进沙发里，开始畅想未来的美好生活。

不过，好像畅想得太早一些了，难处这时才到来。

他们忽略了一件事：以前在北京租房，双方老人都没有话说，也不曾提出要过来和他们一起住。但是现在，他们是北京有房的人了，这是全国其他城市的人都羡慕的一个硬性指标。双方老人还能坐得住吗？

答案是：坐不住。

率先到来的是段铭的父母，他们抱着一种“我儿子在北京买大房”的心态而来，当兴冲冲地推开门时，父母惊呆了：这么小，怎么没给我们留一间房？

段铭父母对此非常不满意，当天晚上就对小两口进行了思想教育，主题是：这些年的钱都花到哪儿去了，为什么不多攒点买个大些的房子？至少要两室啊！

当段铭报出了房子的总价后，父母又惊又怒，老爹颤抖着手指着李梅说：“你这个媳妇怎么当的？不知道劝着男人吗？这么败家，买了这么一个又贵又小的房子！”

李梅急忙辩解说这房子在北京已经性价比很高了，却得不到任何共鸣。当天晚上，父母对李梅进行了全面的批判，大致的意思是：都在北京出息了，理应让爸妈跟着来享福的。买房子不想着给父母留出一间房，实在是太不孝了！这样的媳妇宁可没有。

李梅无助地看着段铭，但一句“不孝”已经压低了段铭的头。这个帽子多么沉重啊，谁能从这顶帽子里解脱出来？

那天晚上，父母骂累了去睡了（父母睡的卧室，李梅和段铭睡在沙发上），李梅始终睡不着。她不明白：北漂一族买了房，就一定是“出息”了？就一定要在房子里给爸妈留一个房间？不是他们不孝，只是他们含辛茹苦地拼出了不易的40平方米，难道就一定要给他们添一间房？

李梅想不明白。

段铭父母走后不久，李梅的父母也来了。当他们看到女儿家的小屋子时，也是吃一惊：“小囡，怎么这么小的房子？可不会是让人家骗了吧？咱家里房子比这大多了！”

“不是被人骗了，北京房价高，这已很不容易了。”李梅细细地跟父母解释了一遍。父母的脸色很难看，良久父母才说：“小囡，前几天你公婆回去了，说在北京住得很习惯，以后还想长住呢。你要知道，房子咱家也出钱了，如果我们不来跟你们住，回到村里要抬不起头来的。村里人会说，养女儿就是不如养儿子，果然女儿是赔钱货，不能接爹妈去住。”

李梅睁大了眼睛，嘴巴也合不拢。难道这么小的房子，公婆还想长住？而自己的爹娘也想来住？

毕竟李梅自己的父母，一看女儿的表情就知道这根本不可能实现，更何况这么小的房子也挤不下两家老人，父母急忙说：“我们懂的，你们的难处我们懂。我们不会真来住，这次看完天安门我们就回去了。”

但是从父母的眼角，李梅看到了失望。李梅也知道，当父母回村，向乡亲们表示不能跟女儿住的时候，那一定是抬不起头来的。乡亲们会说：“你家女儿在北京出息了，在北京有房了，你们却不过去享福？这不对啊！”

可到底什么是对的呢？

购房后，李梅和段铭的生活已经很拮据了，买房之后一个“孝”字又沉重地砸了下来。家务事说起来很容易，但真的跟双方父母硬碰硬地谈，却又张不开嘴。

谁能告诉她，应该怎么办？

事例二　父母出钱购房，一间房是不是恩情亏欠？

人人都说莉莎掉在蜜罐里了。

从小家境就很优越，嫁的老公晓凯家里条件也不差，二人结婚后一年就买了一栋地脚不错的大房子，三室一厅。装修时双方父母都表示尊重孩子的意见，让孩子自己操盘，于是莉莎和晓凯不辞辛劳地四处奔波，终于把一切都打点好了。

漂亮的房子，就等着见人了。

不承想，当公婆第一眼看到这房子的时候，气得鼻子都歪掉了。公公一言不发摔门就走，婆婆似乎还无法狠下心来，犹豫了半天才说：“你们俩……这事怎么做的呢？”

“怎么了？”莉莎和晓凯都不太理解。

“三室一厅啊，连我和你妈的一间屋子都没有？”

莉莎呆了好半天才反应过来。这房子的三室，一室做了卧室，一室做了书房，还有一室被莉莎做成了可以会客的日式榻榻米房间，这是她和晓凯都非常喜欢的风格。谁也没想到要给父母留一间房，更重要的是，他们根本没想过父母想要婚后跟他们一起住。

莉莎急忙打个圆场：“那个日式榻榻米就是可以睡人的，您和爸可以来住啊！”但婆婆听了这话反而不高兴，白眼一翻：“开玩笑！我们一大把年纪了，能适应睡在地上吗？”

事情就这样闹得不欢而散。莉莎觉得郁闷就打电话给自己亲妈，亲妈听后第一次没有纵容她，反而说：“两家父母给你掏钱，让你买了三室一厅，你觉得是为了什么？最好的构想就是你们占一间，他父母占一间，我们占一间啊！”

莉莎愣住了。

也许是她太简单，从小被宠坏，所以从未想过这一层。她转头去问晓凯，晓凯也确实没有考虑过。他们觉得双方父母的条件都不差，都在城市里有非常漂亮的住宅，为什么一定要留一间房跟他们一起住呢？两户老人和一户小夫妻住在一起，能协调吗？

新房至此开始笼罩一层愁云，莉莎去找身边几个已婚的姐妹们诉苦，姐妹们都是经历过的，有些人批评她家双方父母不给孩子自由，有些人批评莉莎和晓凯考虑太不周全，只有一个已经离过婚、买了两套房的知识女性突然对莉莎说了这样一番话：

“你有没有想过，他们可能只是想要一个态度？其实真的和你们住在一起，他们说不定不愿意，甚至可以武断地说，他们不会长住的。他们有自己的房子，有充满年轻回忆的地方，没有必要和你们挤在一起，尤其是公婆，不会愿意在儿媳妇掌管的家庭里吃一口闲饭。他们之所以想要留下一席之地，是因为他们有顾虑：全款给你们买了房子，怕就怕你们是不知孝顺的白眼狼。装修的时候丝毫不提供意见，也是考验你们的态度。没想到，你们就真的按照自己的需求装修了三个房间，一个都没有给老人留啊！”

“那我难道真要装修出三个卧室来？三家各分一个？”莉莎诧异地问。

“完全不用，其实只要额外再装修出一个合适老人的房间就可以了。这间房最好温暖舒服，没有太多夸张的装饰品，颜色淡雅，有一个便利的衣柜，让他们看到你们的诚意，他们就放心了。”

听完了闺蜜的分析，莉莎突然明白过来了。怪不得装修初期公婆以及自己父母都说“你们看着装吧，房间你们想怎么分配就怎么分配”，原来是在看他们夫妻二人的态度啊。而他们俩缺少的，恰好就是这么一个态度！

回家之后，莉莎和晓凯商量了一下，把书房里的桌子、书柜都调整到同一面墙，然后安置了一个沙发床。颜色温暖，还配了可爱的植物。几天之后莉莎再次给公婆打了电话，道歉并邀请他们来住。

果然，老人开心得不得了。

后来，老人经常来，却没有常住过，毕竟在一个城市，没必要长期住在他们的新房里。但双方老人都很开心，因为他们知道：在儿女的新房里，有他们的一席之地。

事例三　接来乡下的父母，好心却办成了坏事

接母亲来，是姚姚长期以来的心愿。

从小在乡下长大的姚姚，最忘不掉的就是父母脸朝黄土背朝天的场景，父亲40岁生了恶疾，撒手而去，留下姚姚和母亲相依为命。如今自己终于有钱能够在城市买上一套不大却温馨的一室一厅，怎么能不让母亲来与自己享福呢？

老公是个善解人意的好男人，听完了姚姚的想法之后，丝毫没有阻拦，甚至非常积极地向朋友借车，开着车去乡下把姚姚的母亲接过来。母亲坐车出村的时候，乡里乡亲都出来送，都咂巴着嘴说姚姚的母亲好福气，还说“这一去人家可不会回来喽，城里多享福啊”。

一切都顺利而幸福，姚姚满意得几乎要哭出去，却不承想，后来事态的发展都和预想的不一样。

首先是装饰，母亲在家闲得没有事儿做，就把家里的堆碎布头都找了出来，东做一朵花，西拈一块布，挂在家里的角角落落。姚姚本来是按照北欧风格装修的，某天下班一回家，家里居然红一块绿一块的，像乡下赶大集的！姚姚跟母亲说这不好看，都要拿下来，但母亲可不同意：“囡啊，你看你这房子弄的，不是白的就是灰的，多丧气，我一进屋就觉得不舒服，这可不给你弄弄就更好看了？”

母亲说什么也不肯取下来，姚姚百般说服不成，只能随她去了。当天晚上，又发生了另外一个问题，姚姚所在的小山村水源很紧缺，母亲始终有节约用水的习惯，所以上完厕所母亲是不冲水的，她说要多攒几次再冲。因为老公在家，姚姚觉得非常不好意思，只好次次跟在母亲身后洗厕所，母亲却也很不高兴：“囡啊，你现在是有钱了，但可不能浪费着花，这水都是值钱的啊！”姚姚跟母亲解释关于卫生的重要性，但对于在家乡上旱厕的母亲来说，完全不能理解姚姚的意图。姚姚知道，明天她上班之后，母亲还会继续不冲厕所的。

还有更多的生活习惯不同正在影响着这个家庭的稳定。母亲没有进门敲门的习惯，无论想起什么要找自己女儿，推门就进，完全不顾女儿是不是正和女婿躺在床上。母亲还不许姚姚关门：“你屋的门怎么总关着？做什么坏事？在咱们村里就是出门去串亲戚，门都不锁上的，你这是什么毛病啊？”

一个多月的生活，没能将姚姚和母亲之间的生活习惯磨合好，反而磨合出了一肚子的火。母亲不适意，姚姚也不适意，同样不适意的还有姚姚的老公，他虽然是个好脾气的男人，但毕竟是别扭，受不了母亲的管束，这段时间下了班总是找借口晚回家，一回家就睡觉，也是个省心的事。

省心是省心，可是夫妻二人的感情受得了吗？

姚姚开始意识到：接母亲来可能……不是个成熟的选择。

但难道不让母亲来吗？情感上姚姚接受不了母亲还在农村生活，毕竟自己经济条件改善了，怎么能让母亲在乡下吃苦呢？但是母亲的到来已经影响了姚姚的夫妻感情，以及她一手打造起来的新家，现在的新家处处朝着乡下风格靠拢，厕所长年有尿臊味儿，碗啊盘啊都没收在柜子里而是一排排地在窗台上搁着。

给母亲留下一席之地，其实不仅指的是多设一个房间，还要多做一些心理准备。不是所有的母亲都能和孩子顺利地生活在一起，多留这个空间的时候，一定要再多想想。

之所以想到写这一节，灵感来自于我的一个朋友——确切地说是“前朋友”。她曾在南京购买了一栋非常漂亮的新居，健身房、书房甚至花房都有，但就是没有给父母留下一席之地。我很不客气地指出来，而她也很不客气地表示：“这是我的房子，跟他们有什么关系？”

买房子的时候和父母有关系，住房子的时候就和父母没关系了？我当时歪着鼻子就走了，并很报复性地把她的故事写成小说发表出去。不过后来，陆续有朋友委婉地否决了我这种“父母必要有屋观”，他们告诉我：“其实不是所有人都可以接父母来住的，各有各的苦衷。”听完了他们所说的事例，我也觉得以前的想法过于武断。于是，才萌生了撰写这节内容的想法。

以上所举的三个事例也许极端，但绝对来源于生活，甚至谈不上“高于生活”。关于是否要接父母同住的问题，对于许多在外打拼、好不容易买到房子的小夫妻来说，是一个难以理清的难题。以上三个事例各有难处，无法多加评论，也无法总结共同的解决办法，但确实可以让我们总结出一些规律，并给出一个最合理化的建议：保留一颗接父母同住的心。

这话听起来有些虚伪，却绝对是真理。新买的房子，如果实在没有多余空间，最好给父母留下一张可以睡的床，再向父母讲明情由，无论父母是不是理解，都是最好的选择；如果新房有条件，那么最好给父母留下一间房，已婚者夫妻给双方父母留一间即可。即使父母不来住，这间房也可以明确地传递出一个信息：我们爱你们，我们随时欢迎你们来。

有时候，父母想要的就是这么一个信息，不是吗？

小贴士

1.关于是否接父母来住的问题是，仁者见仁，智者见智，本书作者支持接父母来住，但非长住。这是一种理想化的解决方法，如果遇到一方父母要长住的情况，则需要在购房和买房之前做好沟通，以免出现不必要的麻烦。

2.关于给父母留什么房间的问题，由于各家经济条件不同，难以统一规划。但总体来说，最好所留房间离夫妻卧室远一些，可独立使用一个卫生间，这样可以更快地磨合彼此的生活习惯。

3.无论父母是不是来住，无论是不是能够留下一整间屋，“一席之地”，一定要有。

你的家，一定要有读书角

读书是世界上门槛最低的高贵举动。

我们也许品味不到陈年的佳酿，去不了玻利维亚的盐湖，追逐不了法国的松露，但我们绝对可以在精神世界给自己一个高贵的安慰——读书。

所以，无论我们的房子多小，都应该有个读书的空间。

如果有条件打造一间书房，那是再好不过了。给自己一个朝南的房间，选用素净的颜色装修，置有高大的书柜、舒服的坐椅以及皮质桌面的书桌，简直是读书者的天堂。

但如果没有这样的条件呢？房价这么高，给自己留下足够的卧室和储物余地就很不容易了，难道还非得打肿脸充胖子做出一间书房吗？

当然不必，我们可以做一个读书角。

和大书房相比，读书角并不一定差，小空间往往给人以安全感，更能够快速进入到阅读的状态。所以，在装修前不妨在不改变整体规划的情况下，找到一个合适的小角落，给自己未来的提升搭建一个小小的平台。

角落很小，它带给我们的世界却一定很大。

那么，到底如何做一个成功的读书角，读书角有哪些构成元素呢？

1.相对独立的空间

据说毛主席可于闹市中读书而自岿然不动，但我们普通人最好不要尝试这种对注意力高度考验的读书环境。一个相对独立而安静的空间，才是打造读书角的最佳选择。

一般来说，家中有两种空间比较适合做成读书角。一是向光式，读书时阳光暖暖地洒落在书页上，会令人身心愉快，更易进入读书的状态。可选择接近窗子的位置，比如飘窗，再比如卧室靠窗的位置，都适宜打造读书角。

另一种是隐蔽式，近年来非常流行，比如跃层或复式户型中楼梯下面的空间、楼梯拐角的空间，都是既隐蔽又好利用的部分。再比如某些嵌入墙体的空间以及上下铺的下铺，都是不错的选择。现代人白天在家的时间少，所以对自然光的要求不那么高，隐蔽式读书角营造的静谧氛围反而成为读书角的主流。

2.舒服的座位

坐着读书是大多数人的习惯，但是坐的时候既要舒服，又不能太舒服。所谓的舒服，指的是座椅要适合长时间的坐姿，比如没有靠背的小板凳就不合适了，而硬木椅子也不是首选，椅子或沙发最好有适应人体的弧度，这个需要到家具店里现场试坐，才能选到中意的座位。此外，还要强调不能太舒服。有些人觉得既然要舒服，那不如来张床吧，俗话说“好吃不如饺子，舒服不如倒着”嘛，这绝对不行，过于松散和舒适的坐姿有可能导致昏昏欲睡，最后把读书角变成了睡眠角。

此外，有些座椅看起来很舒服，坐下去也觉得不错，实际上根本不适合读书。比如市面上非常流行的“懒骨头沙发”，像一个大棉花袋子，坐下去全身都被包裹起来了，简直不能更舒服了，这种椅子对身体缺乏必要的支撑，适合休闲，却不能读书，会对颈椎、腰椎造成一定的伤害。

3.利于取用的图书

有人喜欢把书放在一个房间，读书角放在另外的房间，这样也许会养成勤活动的好习惯，却不易于阅读习惯的培养。比如看完一本书，本来情绪酝酿得蛮不错，准备去拿第二本，但穿过层层房间时，突然发现地板有点脏，转头擦了下，又发现餐桌上有水果，最好今天吃掉，进厨房洗水果的时候又发现碗没洗，于是……所以，为了避免这种分散注意力的可能，最好图书就在读书角里，且利于取用。

存放图书最好是用书架，这毋庸置疑，但考虑到读书角的空间可能不大，有时候连书架也放不下，那怎么办呢？书筐是个很好的解决办法，喜欢的图书可以丢在一个布艺或者草编的大筐里，想要看书就动手在里面翻。如果是其他类似储物的话，不建议“丢筐再翻”模式，但图书不一样，这种动手翻的过程很有乐趣，也会进一步增进阅读的欲望和情趣。不过要注意的是，在容易发霉的房间里，筐最好是隔潮的，避免爱书发霉。

4.持续的光源

神说要有光，于是有了光，然后我们才可以自由地读书。对于读书角来说，光源是必不可少的。自然光虽然很重要，但人工光源才是最重要的，因为下雨、阴天和午夜时分都有可能读书，尤其是把读书角放在隐蔽角落的同志们，人工光源多么重要啊。

鉴于是读书角，光源建议以集中式采光为主，就是打开的灯就照着你，不需要辐射很大的空间。台灯和落地灯都可以适应这种需求，至于选黄光还是白光的灯泡，就看个人需求了，我个人比较推荐白炽灯颜色的光源，读书眼睛不会过早疲劳。其中有几种灯不推荐，一是水晶灯，照明时会形成反射影像，影响阅读体验；一是日光灯管，它其实在频闪，也对视力不利；还有一种是彩色灯，比如红色灯泡、蓝色灯泡，看似很有新鲜感，但还是算了吧！

5.远离诱惑

最后一条读书角必备要素就是：远离诱惑。听起来像是对待婚姻问题，实际上，我们与书的关系是很脆弱的。现代人很容易分散注意力，因为这个世界好玩的、吸引人的东西太多，我们很容易被更简单、更有趣的事物转移掉我们好不容易集中起来的读书念力。所以，读书角的设定一定要与平时特别酷爱的东西区分开（如果平时就是特别爱读书，可以考虑忽视这一条）。比如特别爱玩手机的，最好把自己和手机常用充电的插座分开，否则你读着读着书，就会“哎”地发现手机正在旁边充电，下意识就会做小动作把它拿起来；爱打游戏的不要把你的读书角放在电脑旁边，因为电脑可能会将你的心思全部吸过去，然后所有的图书都会回归“冷宫”；特别爱做家务、不能容忍脏乱差的同志们，也请将你的读书角放在特别整洁、特别不容易看到脏乱差部位的地方，比如不要对着厨房，不要对着衣帽间，不要对着经常不整理的五斗柜，否则每次读书都会演变成一次大扫除事件；至于特别爱睡觉的同志，就要远离床了。

总而言之，大家针对自己平时的不良习惯以及难以抵抗的诱惑，再结合上述几条元素，就可以给自己的新家布置读书角啦！

那么，到底哪些地方最适合放置读书角呢？在这里有几个小推荐：

1.卧室的窗边

属于向光类、安静类、自然光源类。

爱床者慎选择此位置。

2.客厅的角落

光线好，无压抑感，对户型要求小。

可靠近窗，也可不靠近。最好不对着电视，远离或背对沙发。属于诱惑性比较强的角落，家里人多者慎选。

3.上下铺的下方

如果有一个带上下铺的房间，可以考虑此类型。隐蔽感、安全感好，而且容易想起大学生活，怀旧感强，对空间的利用也比较充分。

缺点是，要有一个上下铺房间。如果是跃层，楼梯下方也可以营造这种效果。

4.干净的阳台

我的最爱，向光类，也比较隐蔽，远离诱惑，空间也不算小。

不过，如果是经常晾着滴水的衣服、冬天漏风寒冷、夏天暴晒，且挂着发出异味的咸菜与腊肠的阳台，那就算了吧！

后记

这是一本不华丽的书，所以前言很短小，后记也很短小。

如果你已经翻到了这一页，那么我真心地感谢和赞扬你：你已将“房子那些事儿”的学习进行到底了，我相信你一定有收获，是吗？

就是这么自恋……哦不，是自信。

在撰写这本书的过程中，我的收获也许比你更大。从起草此书到成稿，历经一年的时间，收集了许许多多的材料，接触了形形色色的“房人”，我越来越觉得：房子虽然带给我们巨大的压力，却也真切地提供给我们风雨过后的美好。在撰写此书的过程中，我和我的房东已经成了知心好朋友，我那买了大房又忍痛卖掉的同事已经怀上了小宝宝，我自己正朝着二套房奴的目标努力，而我那个无处不在、让我崇拜不已的装修狂男友已经晋升为我的未婚夫（如果出版社的速度慢一点，说不定此书面世的时候他已经从未婚夫晋升为正式夫）。无论经历过怎样的困难，无论遭遇过如何的拮据，我们每个人都在不断成熟，并朝着更美好的方向一路狂奔。

在这个过程中，房子很重要，但又似乎不那么重要。我们为它喜为它忧，而它最终是要为我们服务的。它不是我们喜与忧的源泉，而是我们生活点滴的载体。我们的幸福生活还是取决于自己的努力、自己的选择、自己的向往、自己的真爱。

这才是本书的真谛。

希望你读完此书，真的学到了东西，那么你就和我一样幸运，也将和我一样幸福。

祝每个人都幸运、都幸福。